JN025074

やさしい PHP 入門

日向俊二●著

■**サンプルファイルのダウンロードについて**

本書掲載のサンプルファイルは、下記 URL からダウンロードできます。

https://cutt.jp/books/978-4-87783-442-5

はじめに

PHP（ピー・エイチ・ピー）はオープンソースの汎用プログラミング言語とその公式の処理系を指します。本書では、主にPHPのプログラミング言語としての側面に焦点を当てます。

PHPは、Webサーバーで実行されてWebページを生成するために使われることが多いですが、プログラミング言語としてのPHPの用途はそれだけにとどまりません。

本書では、最初にPHP全体について解説したあと、前半ではプログラミング言語としてのPHPについて解説し、後半ではWebサーバーで実行されるPHPプログラムについて解説します。そのため、WebサーバーでPHPを利用するときに必要になる、WebサーバーのことやHTMLとその関連技術について、最初はまったく知らなくてもPHPの学習を始めることができます。そして後半でサーバーで実行するPHPプログラムファイルやHTMLに埋め込んでサーバーで実行するPHPスクリプトについて解説します。このときにはHTMLの知識が必要になるので、PHPのプログラミングに必要な範囲でHTMLについても説明します。このように段階を追って学習することで、一度に多くの事項に惑わされることなく、楽しく容易にPHPを習得することができます。

本書を活用してPHPプログラミングの基礎を楽しく学んでください。

2021年春

著者しるす

本書の表記

↵	本書の紙面上でプログラムリストやコマンド入力の長い行を折り返して記載していることを示します。実際に入力する際には、この記号およびその前の改行や空白は無視してください。
abc	斜体の表記は、そこに具体的な文字や数値が入ることを表します。たとえば「PHP 7.*X*」は、*X* に数値が入り、「PHP 7.3」や「PHP 7.4」となることを表します。
[...]	書式の説明において角括弧で囲った部分は省略可能であることを示します。
>	Windowsのコマンドプロンプトを表します。
$	Linuxなど UNIX系 OSのコマンドプロンプトを表します。
php >	PHPを対話シェル（対話型インタープリタ）として起動したときのプロンプトです。
> **abc**	対話シェルのプロンプトやOSのプロンプトに続く太字の表記は、読者が入力する部分です。

本文を補足するような説明や、知っておくとよい話題です。

ご注意

- 本書では、PHPのバージョン 8.*m.n* を PHP 8 と呼び、PHPのバージョン 7.*m.n* を PHP 7 と呼ぶことがあります。
- 本書の内容は本書執筆時の状態で記述しています。執筆時の PHP の最新のバージョンは 8.0.2 です。ただし、執筆時点で PHP 8 をサポートしていないサーバーが多数あります。また、将来、PHP のバージョンが変わるなど、何らかの理由で記述と実際とが異なる結果となる可能性があります。
- 本書は PHP のすべてのことについて完全に解説するものではありません。必要に応じて PHP のドキュメントなどを参照してください。
- 本書のサンプルは、プログラミングを理解するために掲載するものです。実用的なアプリとして提供するものではありませんので、ユーザーのエラーへの対処や安全確保、その他の面で省略してあるところがあります。

動作を確認したPHPのバージョン

- 8.0.2（Windows 10）
- 7.4.9（Windows 10）
- 7.4.3（Linux/Ubuntu）

書に関するお問い合わせについて

本書の内容に関するご質問、お問い合わせは、**下記の事項を明記の上**、巻末記載の出版社所在地宛郵送もしくは sales@cutt.co.jp 宛メールにて**文書でお送りください**。

- 氏名、連絡先（住所またはメールアドレス）
- 書名、記載ページ
- 問い合わせ内容
- 実行環境

なお、本書の記載内容から外れたご質問、特に、OS、PHPのバージョン、Webサーバーなどの特定の組み合わせに関するご質問などにはお答えできません。あらかじめご了承ください。

第9章 HTMLとPHPプログラム……171

第10章 フォームとPHP……185

第11章 データベースとの連携……211

第 12 章　さまざまな話題……247

付　録……259

PHP の概要

ここでは PHP とその使われ方の概要を説明します。

1.1 PHPについて

PHPはオープンソースの汎用プログラミング言語とその公式の処理系を指します。

◆プログラミング言語

まず、汎用プログラミング言語の側面からPHPについて説明しましょう。

PHPは、Webサーバーで実行されてWebページを生成するために使われることが多いですが、決してWebプログラミング専用の言語というわけではありません。プログラミング言語としてのPHPの用途は多岐に渡ります。他のプログラミング言語と比較して得手不得手はありますが、PHPは厳密には汎用プログラミング言語に分類されます。

PHPが汎用プログラミング言語であるという点は見逃されがちですが重要です。PHPのプログラムを実行するためにWebサーバーが必要不可欠ということはありませんし、実行結果はWebブラウザ上でしか確認できないということもありません。PHPは、HTMLなど他の言語やWebサーバーなどの問題と完全に切り離して、それ単体でプログラミング言語として学習することができます。

PHPは、命令を1つずつ解釈しては実行するインタープリタ言語です。そのため、例えばC言語やGo言語のようなコンパイラ言語と呼ぶプログラミング言語で作成したプログラムよりも実行時の速度が遅いといえますが、特に速度を要求されない一般的な用途には十分実用的な速度で実行されます。

インタープリタ言語は、実行する前にコンピューターが実行できる情報に変換するためのコンパイルという作業がないので、比較的手軽に利用できます。しかし、その反面、実行してみないとわからない間違いが紛れ込むリスクが増すという問題点もあります。ですから、手軽に利用できる言語だからといって安易に取り組んでよいわけではありません。

PHPは、高レベルのプログラムを比較的容易に記述して実行するためのプログラミング言語という観点から、スクリプト言語という種類にも属します。

Note

高レベルのプログラムとは一般ユーザーが通常使うようなプログラムであるのに対して、低レベルのプログラムは機械や装置などに組み込まれていて一般ユーザーが直接使うことがないようなプログラムです。

◆ PHP 処理系

PHP のもう 1 つの側面は、プログラミング言語としての PHP で書かれたプログラムを実行する処理系としての側面です。また、PHP のインタープリタは Web サーバーと連携して、PHP だけでなく HTML や JavaScript、テキストなども使って作成されたドキュメントを適切に処理することができます。

◆ PHP の用途

PHP にはさまざまな用途があります。

現在、最も多く使われているのは、いわゆるホームページ（Web ページ）を作成するという用途です。単に情報を表示するだけの静的な Web ページを作成するには HTML という記述言語だけでもできますが、状況に応じて変わる動的な Web ページを Web サーバーで生成するときにはそのための言語が必要になります。その目的のためによく使われるのが PHP です。

また、PHP はさまざまなコマンドラインツールやなんらかの作業を行うプログラムを作成するときにも使うことができます。

さらに、ウィンドウを利用する GUI アプリケーションを PHP で作成することもできます（本書では取り上げません）。

1.2 PHP の実行方法

PHP はさまざまな方法で実行することができます。具体的な例は第 2 章と第 9 章で説明します。

◆ コマンドラインで直接実行する ◆

PHP のプログラムを実行する最も単純な方法は、OS のコマンドラインでプログラムコードを指定して PHP インタープリタを起動して実行する方法です。この方法で実行できるプログラムは単純なものに限られます。

◆ 対話シェルで実行する ◆

PHP の対話型インタープリタを起動して、その中でプログラムコードを入力しながら実行することもできます。この対話モードで実行する環境を「対話シェル（Interactive shell)」といいます。

この方法は、ちょっとした実験をしたり、関数と呼ぶプログラムの部品を試してみたいようなときに便利です。

実際の開発においても、PHP のコードをチェックしたりデバッグする際に、ページ全体を Web サーバーに保存してクライアントから実行をリクエストして調べるよりも、対話シェルで PHP のプログラム部分だけを実行して検証するほうが効率的であることがあります。

◆ スクリプトファイルを実行する ◆

ある程度まとまった PHP のプログラムコードをファイルに保存して、コマンドラインから一気に実行することができます。

この方法を使って、やや複雑な処理を行うツールなどを作成して、必要なときに実行することができます。また、Web で PHP を使っている場合でも、この方法は関数を作成してテストしたり、データベースに直接アクセスするプログラムを作りたいようなときなどに便利です。

　ここまでの 3 種類の方法は第 2 章で具体的に説明します。

◆ Web サーバーで実行する ◆

　PHP のプログラム（スクリプトともいう）は、HTML で記述する Web ページの中に埋め込むことができます。また、PHP のプログラムだけを含む Web サーバーで実行される PHP のスクリプトを作ることができます。これらのプログラムは Web サーバーで実行されます。

　この形式のプログラムを実行するには、単に PHP が埋め込まれた Web ページを Web サーバーへのリクエストによって表示するか、PHP のスクリプトファイルにアクセスします。ただし、ページの中の PHP プログラムが意図したように実行されるように、Web サーバーに必要なものをインストールして設定しなければなりません。

　HTML で記述する Web ページの中に埋め込んだ PHP のプログラム（スクリプト）を Web サーバーで実行するためには、HTML の知識が必要になります。また、Web ページをサーバーで表示できるようにするための知識も必要になります。さらに、PHP のプログラムを含む Web ページを意図通りに扱える Web サーバーを用意するか、あるいは、そのように準備された Web サーバーを借りるなどの必要があります。

　このプログラムの実行方法は第 9 章以降で具体的に説明します。

1.3 PHP のバージョン

PHP は 1990 年代に作成され、いままでバージョンアップが繰り返されています。

◆ バージョンの呼称

PHP のバージョンは、正確には次の形式で表記します。

メジャーバージョン . マイナーバージョン . リリースバージョン

例えば、「8.0.2」のように表記できますが、一般的には、8.0 や 7.4 あるいは 5.6 のようにリリースバージョンを省略して表記することがよくあります。

さらにマイナーバージョンを省略して、PHP のバージョン 8.m を PHP 8 と呼び、PHP のバージョン 7.m を PHP 7 と呼ぶことがあります。

PHP 5 より前の古いバージョンの PHP は現在ではほとんど使われません。また、PHP 5.6 のセキュリティ対応が 2018 年 12 月で終了しているので、PHP 5 もやむをえない場合だけ使うようにして、新しいプログラムでは PHP 7 以降を使うのが良いでしょう。

◆ バージョンによる違い

バージョンアップされると、機能や関数などが追加されます。既存の部分は引き継がれることが多いので、基本的には前のバージョンと互換性があります。バージョンごとの変更の主な点は次のドキュメントに記載されています。

```
https://www.php.net/manual/ja/appendices.php
```

また、詳細の変更については次のドキュメントで確認できます。

```
https://www.php.net/manual/ja/index.php
```

次の 2 点には特に注意が必要です。

- いくつかの点で前のバージョンで使えたものが使えない、あるいは詳細が変わっていることがあります。前のバージョンのソースを新しいバージョン用に書き換えるときには変更された部分をチェックする必要があります。
- PHP 5 以前など古いバージョンと PHP 7 や PHP 8 では互換性がない部分が多くなります。安全確保のためにも古いバージョンを使うことは推奨しません。

本書の範囲内では、PHP 7 または PHP 8 を使う上でバージョンの違いが問題になるところはほとんどありませんが、それがある場合は可能な限り明示します。

本書の内容は PHP 5.6 より古いバージョンには適用できない部分があります。

◆ 最近のバージョン

2020 年 11 月に PHP 8.0 がリリースされ、本書執筆時の現在の最新バージョンは 8.0.2 です。最新のバージョンは PHP 8 であるともいえます。ただし、現時点では多くのレンタルサーバーは PHP 8 をサポートしておらず、PHP 7 や PHP 5 をサポートしているでしょう。

ローカルで（自分のマシンで）PHP のプログラムを実行したい場合や自分で Web サーバーを準備する場合は、PHP 8 でも PHP 7 でも好みのものをインストールして実行することができます。しかし、サーバーを借りて Web ページを公開する際に PHP を利用するときには、サーバーの管理者に利用可能な PHP のバージョンを確認しておく必要があります。

◆ PHP のバージョン確認

ローカルな PHP のバージョンは PHP をインストールしたマシンで「`php -v`」を実行して確認することができます。

```
>php -v
PHP 7.4.15 (cli) (built: Feb  2 2021 20:47:45) ( ZTS Visual C++ 2017 x64 )
Copyright (c) The PHP Group
Zend Engine v3.4.0, Copyright (c) Zend Technologies

>
```

あるいは次のように表示されます。

```
>php -v
PHP 8.0.2 (cli) (built: Feb  3 2021 18:36:40) ( ZTS Visual C++ 2019 x64 )
Copyright (c) The PHP Group
Zend Engine v4.0.2, Copyright (c) Zend Technologies

>
```

Linux の場合は例えば次のように出力されます。

```
$ php -v
PHP 7.4.3 (cli) (built: Oct  6 2020 15:47:56) ( NTS )
Copyright (c) The PHP Group
Zend Engine v3.4.0, Copyright (c) Zend Technologies
    with Zend OPcache v7.4.3, Copyright (c), by Zend Technologies
$
```

PHP のバージョンは phpversion() や phpinfo() という PHP の関数と呼ぶものを使って調べることもできます。ただし、サーバーを提供している組織によっては、サーバー保護のためにこれらの関数を実行できないように設定している場合があります。

1.4 PHPと関連言語

特にWebサーバーでPHPを活用するときには、PHP単独ではなく、HTMLとJavaScriptという言語を活用することがあります。

◆HTML ◆

HTML（HyperText Markup Language）は主にWebページ（ホームページともいう）を記述するために使われます。HTMLは、Webページの見出しやテキスト、入力フィールドなどの要素や、そのページの属性を示す情報などを記述するために使います。

PHPに対応したWebサーバーは、HTMLの中のPHPコードの出力をHTMLの中に埋め込んでWebブラウザなどのWebクライアントに送ります。WebページでPHPを使うときには、HTMLの知識も必須になります。

なお、HTMLの表現力を高めるためにCSS（Cascading Style Sheets）というものをよく使います。CSSは、ページに表示する要素の配置や見栄えなどを指定するために使われます。HTMLを使うときにはよほど単純な場合を除いて一般的にはCSSも併用するので、事実上、CSSはHTMLの一部であるとみなすことができます。そのため、WebページでPHPを使うときには、HTMLと同様にCSSの知識も必要になります。

◆JavaScript ◆

HTMLは原則として静的なページ（変化のない）を表現する言語です。WebブラウザなどのWebクライアントで、例えば表示されたそのときのWebクライアントの時刻を表示するというように、そのときの状況に合わせて表示を変える場合には、一般的にはJavaScriptが使われます。

JavaScriptのごく単純な例を第9章で示しますが、JavaScriptについては本書ではそれ以上は扱いません。

◆ 役割の分担

Web サーバーで PHP を活用するときに、それぞれの言語は次のように役割を分担しています。

- HTML
  Web ブラウザのような Web クライアントに表示する内容を記述します。また、PHP や JavaScript のスクリプト（プログラム）を内部に記述するためにも使われます。

- PHP
  Web サーバーで PHP を活用するときに、PHP はサーバーで実行するべき処理を行います。例えば、Web ページの所定の場所にユーザーが入力した情報をもとに、Web サーバーにあるデータベースから情報を検索して表示するときに PHP を使います。

- JavaScript
  Web クライアントで実行するべき処理を行います。例えば、Web ページの所定の場所にユーザーが情報を入力したかどうか確認するときに JavaScript を使います。

はじめてのPHP

ここではPHPの単純なプログラムの容易な実行方法を紹介します。ここでは詳しいことは気にせずに、PHPのプログラムを実行してみてPHPプログラムの雰囲気に親しんでください。

2.1 単純な PHP プログラムの実行

PHP をインストールしたら、OS のシェル（コンソールウィンドウ、ターミナルウィンドウ、コマンドプロンプトウィンドウなどともいう）で PHP のプログラムを実行することができます。

◆ コマンドラインで直接実行する ◆

PHP のプログラムを実行する最も単純な方法は、OS のコマンドプロンプトに対して PHP のプログラムコードを指定して PHP インタープリタを起動して実行する方法です。

この方法でプログラムを実行するときには、次のようにオプション -r と実行するコードを引数に指定して php を実行します。

```
php -r （PHPのコード）
```

PHP のコードは、例えば次のように書きます。

```
echo 'Hello';
```

echo はそのあとに続くものを出力するための命令、'Hello' は出力する文字列です（この例では文字列は ' で囲いますが " で囲うこともできます（第 3 章参照）。

最後の ;（セミコロン）はここでコード行が終わっていることを表します。

PHP の echo は関数ではありません。関数について詳しくは第 6 章で説明します。

Windows で実行するときには、PHP のコード全体を引用符「"」で囲って、例えば次のようにします。

```
>php -r "echo 'Hello';"
Hello
```

あるいは、Linux など Unix 系 OS の場合は次のようにします。

```
$ php -r 'echo "Hello¥n";'
Hello
```

次のように、echo で出力する内容を丸括弧で囲っても構いません。

```
>php -r "echo('hello');"
hello
```

式を書いて計算した結果を出力することもできます。

```
>php -r "echo 2+3;"
5
```

コンソールウィンドウでコマンドラインからこの PHP コードを直接実行する方法では、環境によって次のような違いがあります。

PHP のコード全体を引用符「"」で囲うか引用符「'」で囲うかということは環境（OS の種類）に依存します。PHP のコード全体を " で囲った場合はその中の文字列は ' で囲い、PHP のコード全体を ' で囲った場合はその中の文字列は " で囲います。厳密にいうと、PHP では文字列を " で囲ったときと ' で囲ったときの解釈は異なります（第 3 章で説明）。

また、PHP コードを直接実行する方法で echo や print を使った結果が改行されるかどうかはシステムに依存します（自動的に改行される場合と、改行されずに次の OS プロンプトが続いて出力される場合があります）。改行されない場合は次のように改行のコード「¥n」（または復帰改行のコード「¥r¥n」）を入れることで改行されるようになる場合があります（環境に依存します）。

```
>php -r "print 'Hello, PHP¥n';"      // Windows

$ php -r 'print "Hello, PHP¥n";'     // UNIX系OS
```

これらのことが関係するのはコマンドラインからPHPコードを直接実行するときだけです。

関数と呼ぶものの結果を出力することもできます。

例えば、PHPのバージョン番号を出力したい場合は、次のようにして関数phpversion()を実行した結果を出力するようにします。

```
>php -r "echo(phpversion());"
7.4.15
```

より見やすくするために関数の前後に空白を入れて次のようにしても構いません。

```
>php -r "echo( phpversion() );"
7.4.15
```

echoの引数として呼び出すphpversion()も、丸括弧で囲わなくても構いません。

```
>php -r "echo phpversion();"
7.4.15
```

ただし、丸括弧で囲わない場合はechoの後に空白が必要です。

結果を出力するためのものとしてechoの他にもprintを使うこともできます。次のようにすると「Good dogs」と出力することができます。

```
>php -r "print 'Good dogs';"
Good dogs
```

あるいは次のようにします。

```
>php -r "print ('Good dogs');"
Good dogs
```

print は関数ではなく言語構造です。そのため、引数が文字列である場合は echo と同様に引数を丸括弧で囲わなくても構いません。しかし、関数呼び出しのような丸括弧で囲う記述にするほうが見やすい場合は、そのようにするのも悪くない選択です。

複数のコードを実行することもできます。次の例「$x=2+3」は 2 + 3 という式の値を計算して $x という場所（変数）に保存し、次に echo を使って $x の値を出力するという 2 つのコードを実行する例です。

```
>php -r "$x=2+3; echo($x);"
5
```

このようにそれぞれのコードの終わりに ; を付けてつなげることで複数のコードを実行することができます。ただし、コマンドラインの長さには制限があるので、この方法で実行できるプログラムは単純なものに限られます（長さの制限は環境に依存します）。

次の「対話シェルで実行する」も含めて、コマンドとして実行される php を PHP CLI（Command Line Interface）と呼ぶことがあります。

◆対話シェルで実行する

PHPのプログラムを実行する2つめの方法は、PHPを対話型インタープリタとして起動して、その中でプログラムを実行する方法です。PHPの対話型インタープリタを対話シェルと呼びます。

対話シェルとして起動するには、オプション -a を指定してPHPを実行します。

```
>php -a
Interactive shell

php >
```

最初に表示される「Interactive shell」は、これが対話的にコードを実行できるシェル（対話シェル）であることを表しています。

対話シェルで表示される「php >」は、対話型インタープリタとしてのPHPのプロンプトです。

このプロンプトに対してPHPのコードを入力すると、コードが実行されて、出力がある場合は結果が出力されます。

```
php > echo "Hello PHP";
Hello PHP
php >
```

複数のコードを続けて実行することもできます。その場合、それまでに実行された結果は内部に保存されています。

次の例は、3.14 × 7.0という計算式の結果を $x という変数と呼ぶものに保存したあとで、echoを使ってその結果を出力する例です。

```
php > $x=3.14*7.0;
php > echo ($x);
21.98
```

コードの最後には；（セミコロン）が必要なので、次のように；を最後に付けないと期待した結果が得られません。

```
php > $x=3.14*7.0        // コードの終わりに;がない間違い
php > echo ($x)          // ;がない
```

//は以降がコメントであることを示します。

逆に言えば、行末に；を置かなければ行は続いているとみなされるので、次の例のように式「3.14*7.0」を2回にわけて入力することもできます。

```
php > $x = 3.14          // ;がないので行は続く
php > * 7.0;             // 続きの行。;があるのでここで最初のコードは終わり
php > echo( $x );        // ;があるので1つの実行されるコード
21.98
```

ちなみに、コード行末の；を忘れた場合、次のように；だけを入力してコード行を完了することもできます。

```
php > echo ($x)
php > ;
21.98
```

なお、ここでもechoの代わりにprintを使うこともできます。

```
php > print $x;
21.98
```

インタープリタを終了するときにはPHPのプロンプトに対してquitまたはexitを入力します。

```
php > quit
```

このあとで説明するスクリプトで、コマンドラインでは問題なく実行できるコードが、対話シェルではエラーになってしまう場合があります。例えば、余分な空白（改行を含む）があるとエラーになってしまうことがあります。

2.2 スクリプトの実行

PHP のプログラムをファイルに保存することもできます。

◆スクリプトファイル

長いプログラムや何度も繰り返して使うプログラムを、対話シェルでプロンプト「php >」に対してコードを入力しながら実行するのは大変です。

PHP のプログラムコードはファイルに保存してコマンドラインから実行することができます。特に、ある程度まとまった PHP のプログラムコードは、ファイルに保存して、コマンドラインから一気に実行すると便利です。

PHP のプログラムを保存したファイルをここではスクリプトファイルと呼びます。

PHP を対話シェルとして起動している場合は、スクリプトファイルを準備するために、対話シェルをいったん終了して OS のコマンドプロンプトに戻ります。PHP インタープリタをいったん終了するには、`quit` または `exit` を入力します。

◆ファイルの作成◆

ファイルに PHP プログラムを作成するときには、<?php と ?> の間にプログラムコードを記述します。

```
<?php （PHPのコード） ?>
```

例えば、実行したいコードが次のようなコードであるとします。

```
print "Hello, PHP!";
```

ファイルの内容は次のようになります。

```
<?php print "Hello, PHP!"; ?>
```

ここでこの 1 行だけのプログラムのファイル（スクリプトファイル）を作成して保存してみましょう。Windows のメモ帳や Linux の gedit などのテキストエディタを使って入力します。print の引数を丸括弧で囲って「<?php print ("Hello, PHP!"); ?>」にしても構いません。

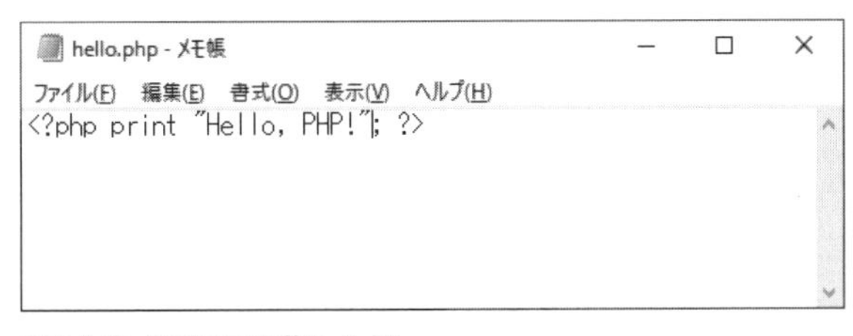

図2.1●メモ帳で編集した例

図2.2●geditで編集した例

ここではほとんどの環境ですでに用意されているエディタとしてメモ帳と gedit の使用例を示しましたが、Visual Studio Code のような高機能エディタをインストールして使うことを推奨します。

◆ファイルの保存

そして、これを hello.php というファイル名で保存します。こうしてできたファイルが PHP のプログラムファイルです。

Windows のようなデフォルトではファイル拡張子が表示されないシステムの場合、ファイルの拡張子が表示されるように設定してください。また、自動的に txt のような拡張子が付けられるエディタでは、hello.txt や hello.php.txt というファイル名にならないように注意する必要があります。

ファイルは適切なディレクトリを用意して保存します。

Windows の場合、例えば、c:¥EasyPHP¥ch02 に保存しておきます。

Linux など UNIX 系 OS なら、例えば、ユーザーのホームディレクトリの中に EasyPHP/ch02 というディレクトリを作ってそこに保存します。

PHP 7 以降を使っている場合は、プログラムをファイルに保存する際の文字エンコーディング（文字コード）は UTF-8 にすることを推奨します。現在では、UTF-8 はインターネット上の事実上のデフォルトになっています。

◆スクリプトの実行

スクリプト（PHP のプログラムファイル）を実行してみましょう。

スクリプトの保存場所が前述のディレクトリであれば、cd コマンドでそこに移動します。

```
>cd c:¥EasyPHP¥ch02
```

カレントディレクトリを変更したら、次のコマンドでスクリプトを実行できます。

```
>php hello.php
Hello, PHP!
```

正しく実行されれば、このように結果の文字列「Hello, PHP!」が表示されます。

なお、cdコマンドでディレクトリを移動しなくても、次のようにスクリプトへのパスを指定して実行することもできます。

```
>php c:¥EasyPHP¥ch02¥hello.php
Hello, PHP!
```

Linux環境でも同様にしてスクリプトを実行することができます。

```
$ php hello.php
Hello, PHP! $
```

この例の場合、「Hello, PHP!」と出力した後で自動的に改行されず、続けてOSのシェルプロンプトである「$」が出力されました。PHPの出力後に自動的に改行されるかどうかはシステムに依存します。

改行を表す「¥n」(環境によっては\nと表示されます)を文字列の最後に付けることで、改行するようにできます。

```
<?php print "Hello, PHP!¥n"; ?>
```

◆ PHPコードの視覚的な分離

PHPのコードだけを視覚的に明確にするために、PHPのスクリプトファイルの中で次のように「<?php」の後と「?>」の前で改行しても構いません。

```
<?php
print "Hello, PHP!";
?>
```

また、PHPコードだけを書くファイルの場合、ファイルの最後の「?>」は省略できるので、ファイルの内容を次のようにしても構いません。

```
<?php
print "Hello, PHP!";
```

◆ 複数のコードの記述

複数のPHPのコードをまとめて記述することもできます。このとき、見やすくするために実行されるコードごとに改行するのが一般的です。

```
<?php
print ("version:");        // 文字列
print ( phpversion() );    // バージョン情報
print ("¥n");              // 改行
$x = 3.14 * 5.0 * 5.0;     // 計算式と変数への代入
echo( $x);                 // 変数の値出力
?>
```

最後の「?>」は省略できるので次のようにしても構いません。

```
<?php
print ("version:");        // 文字列
```

```
print ( phpversion() );  // バージョン情報
print ("¥n");            // 改行
$x = 3.14 * 5.0 * 5.0;   // 計算式と変数への代入
echo( $x);               // 変数の値出力
```

◆ 短縮形式

PHP スクリプトでは、<?php echo の代わりに短い形式の echo タグ <?= を使うこともできます。

```
<?= "Hello, PHP!"; ?>
```

以下のコードはすべて同じ結果を出力します。

```
<?php print("Hello, PHP!"); ?>

<?php echo "Hello, PHP!"; ?>

<?= "Hello, PHP!"; ?>

<?=
"Hello, PHP!"; ?>

<?=
"Hello, PHP!";
```

◆ PHP 以外の要素

PHP では、PHP のスクリプトが書き込まれたファイルの、PHP のタグ <?php から ?> までが PHP のコードとして処理され、それ以外のテキストはそのまま出力されます。

たとえば次のようなテキストと PHP のコードが混在したファイルを作ることができます。

```
これは拡張子がphpのテキストファイルです。
<?php print ("Hello, PHP!¥n"); ?>
PHPのタグで囲っていない部分はこのまま出力されます。
<?php print (phpversion()); ?>
```

これを misc.php というファイル名で保存して実行すると次のように出力されます。

```
>php misc.php
これは拡張子がphpのテキストファイルです。
Hello, PHP!
PHPのタグで囲っていない部分はこのまま出力されます。
7.4.15
```

これは HTML ファイルや XML ファイルでも同じで、Web サーバーではこの機能を使って Web ページの中に PHP のコードを記述できます（第 9 章）。

2.3 PHP の日本語対応

ソースコードに Unicode 文字を使う PHP スクリプトでは、日本語を含めたさまざまな文字を使うことができます。

◆日本語の文字列

PHP のスクリプトファイルで日本語を含む文字列を表示するのは簡単です。例えば、次のようにすることで日本語を表示したり入力することができます。

```
<?php
print ("こんにちは、PHP!¥n");
```

ただし、コンソールの文字エンコーディングの設定やフォントの設定が適切でないときには日本語文字列が正常に表示されません。また、対話シェルで実行するときに、日本語文字列が意図通りに表示されない場合があります。

さらに、PHP の関数の中には日本語に対応していないものが多数あります。

◆ 実行時の日本語対応

PHP 8.0.2 の時点で、関数の中には日本語を含む UTF-8 に完全に対応していないものがあります。特に、コンソール入力を伴うプログラムなどで、ベースがシフト JIS である Windows 環境では日本語文字列を扱うプログラムは意図通りに動作しないことがあります。また、Windows の対話シェルでは日本語文字列が意図通りに入力できない場合があります。

PHP のコードを HTML ファイルに埋め込んで実行する場合は、文字エンコーディングを指定することで日本語文字列の表示の問題を解決することができます（第 9 章）。

◆ 日本語の名前

関数や変数の名前に日本語を使うこともできます。

例えば、次のプログラムのように、変数名を日本語にしても実行することができます。

```
<?php
$面積 = 3.14 * 5.0 * 5.0;    // $面積は変数
print ( $面積 );
```

しかし、一般的には名前を日本語にすることは国際化や可読性の点で好ましくないので、変数名や関数名は特に理由がない限り平易な英語を使うべきです。

練習問題

2.1　PHP をシステムにインストールしてください。

2.2　PHP のプログラムを対話シェルで実行して、実行中の PHP のバージョンを調べてください。

2.3　自分の名前を出力する PHP スクリプトファイルを作成してください。

PHP の基本的な要素

ここではプログラミング言語としての PHP の基本的な要素について解説します。

3.1 文

プログラムコードは文とその他の要素で構成されています。

◆文

PHPの1つの実行されるコードを文（statement）といいます。例えば、式や、関数と呼ぶものを呼び出すコードも1つの文です。

PHPの文は；（セミコロン）で終わります。いいかえると、物理的にどのように記述されていても、1つの実行される文は；までです。

次にprint()を呼び出す単純な例を示します。

```
print("Hello¥n");
```

文の最後には；（セミコロン）を忘れないようにしてください。

次の式も式文という文です。

```
$x = 3.14 * 5.0;
```

次の例は対話的シェルを起動してprint("Hello¥n")という文を実行する例です。

```
>php -a
Interactive shell

php > print("Hello¥n");
Hello
```

1 2 3 4 5 6 7 8 9 10 11 12 付録

スクリプトファイルに記述するなら次のようにします（<?php で始まる例はスクリプトファイルに記述する例です）。

```
<?php
print("Hello¥n");
```

この場合、論理的なコード行と物理的なコード行は一致していますが、次のように行を分けても構いません。

```
<?php
print(
"Hello¥n"
);
```

対話シェルで実行する場合も、次のように分けて入力することができます（入力する部分は太字で表します。それ以外の部分は PHP インタープリタによって表示されます）。

```
php > print(
php ( "Hello¥n"
php ( );
Hello
php >
```

コード行が長くなる場合は適宜行を分けて書いたほうが見やすくなる場合があります。

逆に、1 つの物理的な行に複数の文（実行されるコード）を記述することもできます。複数の文をつなげるときには、セミコロン（;）でつなげます。

次の文は 1 行に 3 つの文を書く例です。

```
php > $x=2+5; print('$x='); print($x);
$x=7
```

◆インデント

あとの章では、あるブロックの中に別のブロックが入るような構造を持つコードが出てきます。このような場合に、コードを目で見てわかりやすくするために行を右にずらして書くことがあります。これをインデントといいます。例えば、次のようにします（この内容は第5章「制御構造」で説明します）。

```
for ($i =1; $i < 10; $i++) {
    $v = 1;
    for ($j =2; $j <= $i; $j++) {
        $v = $v * $j;
    }
    printf("%dの階乗は%d¥n", $i, $v);
}
```

インデントは人間にとって見やすくする目的で行うもので、実行に影響を与えません（厳密にいえば、インデントで実行時の速さがわずかに遅くなる可能性はありますが、無視できます）。

インデントは第8章「Webサーバーと HTML」で説明する HTML 文書でも行います。

◆コメント

コメントはプログラムの実行に影響を与えない注釈です。

PHPでは3種類のコメントを使うことができます。

1つ目は#から行末までのコメントです。

```
# これはコメント行
```

2つ目は//から行末までのコメントです。

```
// これもコメント行
```

さらに、/* から */ までの間もコメントとして解釈されます。この /* */ の形式のコメントは複数行に渡っても構いません。例えば次のように記述できます。

```
/*
 * hello.php - こんにちはサンプルプログラム
 */
```

もちろん、1 行でこの形式のコメントを使っても構いません。

```
/* これはコメントです */
```

3.2 名前と文字

変数や定数、関数やクラスなど、名前を付けて識別するものには名前を付けます。名前にはキーワードを使うことはできません。

◆キーワード

キーワードは、システムによって予約されていて、定数、クラス名、関数名の識別子の名前として使うことはできません。PHP のキーワードは次の通りです。

```
__halt_compiler()           abstract     and          array()      as
break         callable      case         catch        class        clone
const         continue      declare      default      die()        do
echo          else          elseif       empty()      enddeclare   endfor
```

```
endforeach  endif       endswitch   endwhile    eval()      exit()
extends     final       finally     fn          for         foreach
function    global      goto        if          implements  include
include_once            instanceof  insteadof   interface   isset()
list()      match       namespace() new         or          print
private     protected   public      require     require_once
return      static      switch      throw       trait       try
unset()     use         var         while       xor         yield
yield from
```

バージョンによってはこれらのワードがキーワードでない場合もあります。例えば、match がキーワードになったのは PHP 8 からです。詳細は PHP はドキュメントを参照してください。

変数の名前や名前の一部にキーワードを使うことは可能です。

```
$if = 123;
$fortimes = 123;
$mytry = "トライ！";
```

しかし、間違いの原因になりがちなので、特別な理由がなければキーワードを名前に使うのは避けるべきです。

◆名前の文字

変数の文字にはほとんどの Unicode 文字を使うことができます。ただし、先頭に数字を使うことはできません。一般的には、先頭の文字は英文字またはアンダースコア（_）にして、2 文字目以降は英数字またはアンダースコアを続けます。

```
$Number123 = 123;     // 問題ない
$_123 = 123;          // 可能。ただし避けるべき
$__ = 123;            // 可能。ただし避けるべき
$123 = 123;           // 先頭が数字なのでエラー
```

```
$名前="Tommy";          // 可能だが、避けるべき
```

定数、関数やクラスなどを識別するための名前の文字は、先頭を英数文字またはアンダースコアにして、2 文字目以降には英数文字と _ を使います。

名前の大文字／小文字は原則として区別されます。

変数などに日本語の名前を使うことは可能ですが、名前に日本語を使うことを使うことは推奨されません。

名前を付けるときには、何らかの特別な理由がない限り、平易な英単語とその組み合わせにするべきです。PHP の関数やワードはすべて平易な英語で表現されているので、ソースコードの一貫性の観点から、名前にローマ字表記の日本語を使うことは好ましくありません。gokei の代わりに total を使ってください。

◆エスケープシーケンス

エスケープシーケンスは、¥n のような ¥ で始まり特別な意味を持つものです。エスケープシーケンスを文字列の中に埋め込んでエスケープシーケンスとして認識させる場合は、文字列を引用符「"」で囲う必要があります（引用符「'」で囲うと、¥ という文字と n という文字として解釈されます）。

主なエスケープシーケンスを次の表に示します。

表3.1●主なエスケープシーケンス

シーケンス	値（16進数）	意味
¥a	07	ベル（アラーム）
¥c*x*		"control-*x*"（*x*は任意の文字）
¥e	1B	エスケープ文字
¥f	0C	フォームフィード（改ページ）
¥n	0A	改行（line feed、newline）
¥p{*xx*}		*xx*プロパティを持つ文字
¥P{*xx*}		*xx*プロパティを持たない文字

シーケンス	値(16進数)	意味
¥r	0D	キャリッジリターン(carriage return)
¥R		一連の改行(¥n、¥r、¥r¥n)にマッチする
¥t	09	水平タブ(horizontal tab)
¥¥	5c	バックスラッシュ(日本語環境では¥)
¥'	27	単一引用符(')
¥"	22	二重引用符(")
¥x*hh*	2つの16進数文字*hh*が表す文字。	
¥*ddd*	3つの8進数文字*ddd*が表す文字。	

例えば、次のようにすると「ABC」と「xyz」の間に水平タブが挿入されます。

```
php > print("ABC¥txyz");
ABC	xyz
```

ただし、print("¥a"); を実行したら必ず音が鳴るというわけではありません。

また、¥p{*xx*} や ¥P{*xx*} で *xx* で表されるプロパティ名は、Unicodeで一般カテゴリプロパティ（general category properties）として規定されている名前です。例えば、次の例はP（句読記号、Punctuation）を持つ文字を表します。

```
¥p{P}
```

◆空白

空白（ホワイトスペース）は、いわゆる空白文字だけでなく、改行や復帰の文字も含みます。例えば、関数 trim() は文字列の前後の空白を削除しますが、このとき改行文字なども削除します。

3.3 型

PHPのプログラミングでは、値を特定の型のものであると考えます。

◆データ型

PHPのプログラミングでは、値（数値、文字列その他あらゆる値）は特定の型のものであると考えます（他の多くのプログラミング言語でも同じ考え方をします）。これをデータ型と呼ぶことがあります。

例えば、1、5、999などの整数は整数の型、12.34や0.0012のような実数は浮動小数点型、"ABCdef"や"こんにちは"のような文字列は文字列型であると認識し、それぞれ別の種類のものであるとみなして扱います。ただし、PHPの数値だけの文字列は必要に応じて自動的に数値に変換されます。

以下で、PHPの主な型を解説します。

◆論理値型

論理値（ブール値）型は、boolとして定義されていて、論理的に真であることを表す定数trueと、偽であることを表すfalseのどちらかの値をとります。

```
$x = true;      // xの値は真
$y = false;     // yの値は偽
```

多くの場合、ブール型が必要なときには自動的にブール型に変換されます（ゼロまたはNULL、要素のない配列はfalse）。明示的にboolに変換する場合は(bool)または(boolean)を使ってキャスト（型変換）します。

◆ 整数型

整数型には整数を保存します。

整数の値が整数の範囲を超える値になる場合は、自動的に浮動小数点数型（float）になります。

整数は 10 進数で表すときには数値をそのまま書きます。8 進数で表すときには先頭に 0 を付け、16 進数で表すときには 0x または 0X を付けます。

整数のリテラルの例を次に示します。PHP 7.4.0 以降では桁数をわかりやすくするために数字の間に _（アンダースコア）を入れることができます。

```
$n0 = 123           // 10進数表記
$n1 = 012           // 8進数（10進数で10）
$n2 = 0x23          // 16進数（10進数で35）
$n3 = 12_345;
```

◆ 浮動小数点数型

実数は浮動小数点数型に保存することができます。

浮動小数点数 10 進数で表記し、指数表記を利用することもできます。小数部か整数部のいずれか一方が 0 の場合は省略することができます。

浮動小数点数のリテラルの例を次に示します。PHP 7.4.0 以降では桁数をわかりやすくするために数字の間に _（アンダースコア）を入れることができます。

```
$v0 = 2.345e02    // 10進数で234.5
$v1 = 3.1415
$v2 = .25         // 0.25
$v3 = 12.         // 12.0
$v4 = 1.23e-2     // 0.0123の指数表記
$v5 = 12_345.78;  // _を使用可能
```

実数の計算では、実数を 2 進数の内部表現に変換する際に誤差が発生することがあります。例えば、多くの厳密な型指定が必要なプログラミング言語では、x = 7.0、y =

0.3にしたときにx * yを計算してみると、結果は「2.1000001」などになります。しかし、PHPでは自動的に丸められて2.1という結果になります。

リスト3.1 ● ferror.php

```
<?php
$x = 7.0;
$y = 0.3;

print( $x * $y );  // 結果は2.1

?>
```

ただし、丸め方によって誤差が発生する可能性がある点には注意が必要です。

◆ 文字列型

文字列型は0文字以上の文字からなる文字列の値を表します。

文字列リテラルは、引用符「"」で囲ったものと引用符「'」で囲ったものの2種類あります。

```
$a = "ABCdef";
$b = '123456';
```

エスケープシーケンスを文字列の中に埋め込んでエスケープシーケンスとして認識させる場合は、文字列を引用符「"」で囲う必要があります。"で囲った文字列はエスケープシーケンスが解釈されます。例えば、「¥t」はタブに展開されます。

引用符「'」で囲った文字列はエスケープシーケンスを含めてそのまま解釈されます。

```
print ("abc¥txyz");   // 結果は「abc     xyz」
print ('abc¥txyz');   // 結果は「abc¥txyz」
```

文字列を結合したいときには、演算子 . または結合代入演算子 .= を使います。

```
$a = "Hello ";
$b = "PHP";
$c = $a.$b;         // 結合の例。$cは、"Hello PHP"になる
$a .= $b;           // 結合代入の例。$aは、"Hello PHP"になる
```

文字列を演算子 + で連結することができますが、警告（Warning）が出力されます。

```
$c = $a + $b;  // 警告が報告される
```

PHPでは、文字列は、整数や実数と解釈できる場合は 数値と見なされます。

```
$v1 = 1.2 + "10";   // $v1の値は11.2になる。
$v2 = 12 + "12.e2"; // $v2の値は1212になる。
```

先頭に b を付けることでバイナリ文字列として扱うことができるようになります。

```
$bin = b"binary string";
```

◆配列

配列は同じ型の要素を並べたものですが、PHPの配列の実体は順番付けられたマップです。

配列は array() を使って、一連のキー key と値 value のペアとして作成します。

```
array(
    key  => value,
    key2 => value2,
    key3 => value3,
    ⋮
)
```

例えば、次のようにします。

```
$a = array(
    1 => "Blue",
    2 => "red",
    3 => "green"
);
```

キーは文字列でも構いません。例えば、次のようにします。

```
$color = array(
    "col1" => "Blue",
    "col2" => "red",
    "col3" => "green"
);
```

key は省略可能です。省略すると自動的に整数のキー値が順に割り当てられます。

```
$col = array(
    "Blue",      // キーとして0が割り当てられる
    "red",       // キーとして1が割り当てられる
    "green"      // キーとして2が割り当てられる
);
```

あるいは、キーを省略して 1 行で次のように定義することもできます。

```
$fruits = array("Apple", "Orange", "Banana");
```

要素にはキーの値でアクセスすることができます。

```
php > print ($a[2]);
red
php > print ($color["col3"]);
```

```
green
php > print ($col[1]);
red
```

配列全体を出力したいときには print_r() を使うことができます。

```
$fruits = array("Apple", "Orange", "Banana");
print_r($fruits);
```

対話シェルで実行すると次のようになります。

```
php > $fruits = array("Apple", "Orange", "Banana");
php > print_r($fruits);
Array
(
    [0] => Apple
    [1] => Orange
    [2] => Banana
)
```

配列に要素を追加したいときには array_push() を使うことができます。

```
$fruits = array("Apple", "Orange", "Banana");
array_push($fruits, "KiWi");
print_r($fruits);
```

対話シェルで実行すると次のようになります。

```
php > $fruits = array("Apple", "Orange", "Banana");
php > array_push($fruits, "KiWi");
php > print_r($fruits);
Array
(
```

```
    [0] => Apple
    [1] => Orange
    [2] => Banana
    [3] => KiWi
)
```

配列の中の要素の数は count() で調べることができ、配列の中の要素すべてに同じ処理をしたいときには foreach を使います。

```
$fruits = array("Apple", "Orange", "Banana");
print ("配列の要素数は" . count ($fruits));
foreach ($fruits as $item) {
    print($item."¥r¥n");
}
```

foreach については第５章「制御構造」で説明します。

◆ NULL

NULL は値がないことを示すための型です。null 型の唯一の値は値がないことを示す null です。

変数が次のいずれかの状態を値がないといいます。

- 変数に定数 null が代入されているとき。
- 変数にまだ値が何も代入されていないとき。
- 関数 unset() で変数の割当が解除されているとき。

ファイルやデータベースを使い終わったときに、そのことを示すために null を代入することができます。

◆型の変換

互換性がある型の場合、多くの場合、値は自動的にターゲットの型に変換されます。

次の例は、数値が自動的に文字列に変換される例です。

```
$v = 123;
print "abc" . $v;
```

次の例は、文字列の数値が自動的に数値に変換される例です。

```
$v = "123";
print 24 + $v;
```

値を明示的に整数に変換するときには、(*type*) のように、丸括弧の中に型を指定したものを値の前に付けるキャストという方法で変換できます。

例えば、実数から整数には (int) または (integer) を使ってキャストします。

```
$n1 = (int)123.45;
$n2 = (integer)123.45e2;
```

PHP のキャストを次の表に示します。

表3.2●キャスト

キャスト	効果
(int)、(integer)	整数にキャストする。
(bool)、(boolean)	論理値にキャストする。
(float)、(double)、(real)	floatにキャストする。
(string)	文字列にキャストする。
(binary)	バイナリにキャストする。
(array)	配列にキャストする。
(object)	オブジェクトにキャストする。

他に NULL にキャストする (unset) がありますが、PHP 8 では削除されました。代わりに関数 unset() を使います。

3.4 変数と定数

PHP のプログラミングでは、値を保存するために変数と定数を使います。

◆ 変数

プログラムの中で値を保存しておくものを変数といいます。

PHP では変数をあらかじめ宣言しておく必要はありません。

例えば、name という名前の変数を宣言して値 value を保存するときには、次のようにします。

```
$name = value;
```

変数の有効範囲は、原則として、その変数が最初に使われた以降です。ただし、関数の内部で最初に使われた変数はローカル変数となり、その関数の中だけで有効です（詳しくは第 6 章「関数」で説明します）。

PHP の変数は型を宣言しません。型を宣言するとエラーになります（ただし第 7 章で説明するクラスのプロパティのように例外的に型宣言できる場合もあります）。

```
string $name = value;  // エラー
```

PHP では変数宣言で型を指定しないので、途中で別の型の値を保存することができます。次の例は、最初に変数 x に文字列を保存して使ったあとで、同じ変数 x に数値を保存して使う例です。

```
php > $x= "Hello";
php > echo $x;
Hello
php > $x = 123.45;
php > echo $x;
123.45
```

◆定数

定数とは、プログラムの実行中に内容が変わらない値に名前を付けたものです。

定数は先頭を英文字またはアンダースコア（_）にして、2文字目以降を英数字またはアンダースコアにしますが、慣例としてすべて大文字を使います。

定数はdefine()を使って定義することができます。

```
define("PI", 3.14);
```

次の例は定数を定義して使う例です。

```
php > define("PI", 3.14);
php > print (PI * 5.0 * 5.0);
78.5
```

PHPにはいくつかの定数があらかじめ定義されています。例えば、整数の最大値を表す定数として、PHP_INT_MAXとして定義されています。

3.5 演算子

ここではPHPの主な演算子について解説します。

◆ 単項演算子

単項演算子は、演算子の右側の値に作用します。

例えば、次の単項演算子 - を使った式は、変数 a にマイナスを作用させて、変数 c に –5 を代入します。

```
$a = 5;
$c = -$a;
```

次の表にPHPの単項演算子を示します。

表3.3●単項演算子

演算子	説明	例
+	右辺の値を足した値を計算する。	+$a
-	右辺の値を引いた値を計算する。	-$a

◆ 加算子／減算子

加算子は変数の値を1だけ大きくします（インクリメントします）。減算子は変数の値を1だけ小さくします（デクリメントします）。

加算子と減算子は、変数の前に置くことも、変数の後に置くこともできますが、効果が異なります。変数の前に置くと、変数の値を変更してからその値を返します。変数の後に置くと変数の値を返してから変数の値を変更します。

次の表にPHPの加算子／減算子を示します。

表3.4●加算子／減算子

演算子	名前	効果
++$a	前置加算子	$aに1を加えて$aを返す。
$a++	後置加算子	$aを返してから$aに1を加える。
--$a	前置減算子	$aから1を引いて$aを返す。
$a--	後置減算子	$aを返してから$aから1を引く。

次に加算子の使用例を示します。

```
php > $a = 3;
php > print ++$a;  // 加算されてから値が出力される
4
php > print $a;
4
php > print $a++;  // 加算される前の値が出力されてから加算される
4
php > print $a;
5
```

◆ 二項演算子

二項演算子は、演算子の左右の値に作用します。例えば、次の二項演算子 + を使った式は、a と b の値を加算した結果を c に代入します（= は代入演算子です）。

```
$c = $a + $b
```

例えば次のように使います。

```
php > $a=10;
php > $b=23;
php > $c=$a+$b;
php > print $c;
33
```

次の表にPHPの二項演算子を示します。

表3.5●二項演算子

演算子	説明	例
+	右辺と左辺を加算する。	a + b
-	左辺から右辺を減算する。	a - b
*	右辺と左辺を乗算する。	a * b
**	累乗を計算する。	a ** b
/	左辺を右辺で除算する。	a / b
%	左辺を右辺で除算した余りを計算する。	a % b
??	Null合体演算をする	$a ?? $b;

Null合体演算子（??）は、式「expr1 ?? expr2」のときにexpr1がnullである場合はexpr2と評価され、それ以外の場合はexpr1と評価されます。

◆代入演算子

代入演算子は、演算子の右の値を左の変数に代入します。例えば、次の代入演算子を使った式は、変数aとbの値を加算した結果を変数cに代入します。

```
$c = $a + $b;
```

次の表にPHPの代入演算子を示します。

表3.6●代入演算子

演算子	説明	例
=	左辺の変数へ右辺の値を代入する。	$a = $b;
+=	左辺の変数に右辺の値を加算して左辺に代入する。	$a += $b;
-=	左辺の変数から右辺の値を減算して左辺に代入する。	$a -= $b;
*=	左辺の変数に右辺の値を乗算して左辺に代入する。	$a *= $b;
**=	左辺の変数に右辺の値を累乗して左辺に代入する。	$a **= $b;
/=	左辺の変数に右辺の値を除算して左辺に代入する。	$a /= $b;

演算子	説明	例
.=	左辺の文字列に右辺の文字列を結合して左辺に代入する。	$a .= $b
??=	Null合体演算をして結果を左辺に代入する	$a ??= $b;

Null 合体代入演算子（??=）は、式「expr1 ?? expr2」のときに expr1 が null である場合は expr2 が左辺に代入され、それ以外の場合は expr1 が左辺に代入されます。つまり、「$a ??= $b;」は「$a = $a ?? $b;」と同じです

◆ 参照の代入

値を識別するための値を参照といいます（変数とそのアドレスの関係を想像してください）。

参照を代入するときには、代入する変数の先頭に & を付けます。

次の例は、変数 a の参照を変数 b に代入します。つまり、変数 b には変数 a の値がある場所が保存されます。

```
$b = &$a;
```

このように参照を代入すると、変数 a と b は同じ場所に値が保存されます。そのため、一方を変更すると、他方も同様に変更されます。

```
php > $a = 10;          // 変数aの値は10
php > $b = 23;          // 変数bの値は23
php > $a = &$b;         // 変数aとbが同じものを参照するようにする
php > print ($a);       // 変数aの値は23
23
```

◆ ビット演算子

ビット演算子は、整数値のビットごとの演算を行います。

次の表に PHP のビット演算子を示します。

表3.7●ビット演算子

演算子	説明	例
~	右辺の各ビットの否定を計算する。	~$a
&	左辺と右辺の各ビットの論理積を計算する。	$a & $b
|	左辺と右辺の各ビットの論理和を計算する。	$a | $b
^	左辺と右辺の各ビットの排他的論理和を計算する。	$a ^ $b
<<	右辺の値だけ、左辺を算術左シフトする。	$a << $b
>>	右辺の値だけ、左辺を算術右シフトする。	$a >> $b

左シフトでは、左に1ビットだけシフトすると整数の値が2倍になります。nだけシフトすると2^n倍になります。次の例は3ビットシフトして値が2^3倍 = 8倍になる例です。

```
php > $a = 4;
php > print $a << 3;
32
```

右シフトでは、右に1ビットだけシフトすると整数の値が1/2倍になります。nだけシフトすると$1/2^n$倍になります。次の例は2ビットシフトして値が$1/2^2$倍 = 1/4倍になる例です。

```
php > $b = 64;
php > print $b >> 2;
16
```

算術シフトでは、両端からあふれたビットは捨てられます。左シフトをすると右側にはゼロが埋められます。

◆比較演算子

比較演算子は、演算子の左右の値を比較した結果を求めます。比較は、型の相互変換をしたあとで行われます（例えば、$a="123"（文字列）で$b=123（整数）のとき、同じ値であるとみなされます)。

例えば、次の比較演算子を使った式は、a と b の値が同じ値であるときに true として評価されます。

```
$a == $b
```

次の表に PHP の比較演算子を示します。

表3.8●比較演算子

演算子	説明	例
==	左辺と右辺が等しければtrue	$a == $b
!=	左辺と右辺が異なればtrue	$a != $b
<>	左辺と右辺が異なればtrue	$a <> $b
<	左辺が右辺より小さければtrue	$a < $b
<=	左辺が右辺より小さいか等しければtrue	$a <= $b
>	左辺が右辺より大きければtrue	$a > $b
>=	左辺が右辺より大きいか等しければtrue	$a >= $b
<=>	左辺が右辺より大きければ0より大きい整数、左辺と右辺の差が0なら0、左辺が右辺より小さければ0より小さい整数を返す。	$a <=> $b

◆ 論理演算子

論理演算子は、演算子の左右の値（! の場合は右側の値）に作用して論理値を返します。例えば、次の論理演算子を使った式は、a と b の値が共に true のときに true と評価されます。

```
$a and $b;
```

次の表に PHP の論理演算子を示します。

表3.9●論理演算子

<table>
<tr><th>演算子</th><th>説明</th><th>例</th></tr>
<tr><td>&&</td><td>左辺と右辺の論理積を評価する(右辺と左辺が共にtrueならtrue)。</td><td>$a && $b</td></tr>
<tr><td>||</td><td>左辺と右辺の論理和を評価する(右辺と左辺のどちらかがtrueならtrue)。</td><td>$a || $b</td></tr>
<tr><td>and</td><td>左辺と右辺の論理積を評価する(右辺と左辺が共にtrueならtrue)。</td><td>$a and $b</td></tr>
<tr><td>or</td><td>左辺と右辺の論理和を評価する(右辺と左辺のどちらかがtrueならtrue)。</td><td>$a or $b</td></tr>
<tr><td>xor</td><td>左辺と右辺の排他的論理和を評価する(右辺と左辺のどちらかがtrueで両方がtrueでないならtrue)。</td><td>$a xor $b</td></tr>
<tr><td>!</td><td>右辺の否定を評価する(右辺がtrueならfalse、右辺がfalseならtrue)。</td><td>!$a</td></tr>
</table>

1つの式に複数の演算子がある場合、&& は and よりも優先され、|| は or よりも優先されます。

◆ 配列演算子

PHP では配列演算子で配列を結合したり比較することができます。

次の表に PHP の配列演算子を示します。

表3.10●配列演算子

演算子	説明	例
+	左辺と右辺を結合する。	$a + $b
==	左辺と右辺のキー/値のペアが等しい場合に true。	$a == $b
===	左辺と右辺のキー/値のペアが等しく、並び順とデータ型も等しい場合にtrue。	$a === $b
!=	左辺 が 右辺 と等しくない場合に true。	$a != $b
<>	左辺 が 右辺 と等しくない場合に true。	$a <> $b
!==	左辺 が 右辺 と同一でない場合に true。	$a !== $b

◆ 演算子の結合順序

演算子には、1 つの文で複数の演算子が使われているときの優先度が設定されています。

次の表に PHP の演算子とその他の言語要素の優先順位を示します。数字が大きいほど先に評価されます。

表3.11●PHPの演算子の優先順位（優先順）

<table>
<tr><th>演算子</th><th>説明</th><th>結合性</th></tr>
<tr><td>clone、new</td><td>オブジェクトの作成</td><td></td></tr>
<tr><td>**</td><td>代数演算子</td><td>右</td></tr>
<tr><td>++、--、~、(int)、(float)、
(string)、(array)、(object)、
(bool)、@</td><td>型、加算子/減算子</td><td></td></tr>
<tr><td>instanceof</td><td>型</td><td>左</td></tr>
<tr><td>!</td><td>論理演算子</td><td></td></tr>
<tr><td>*、/、%</td><td>代数演算子</td><td>左</td></tr>
<tr><td>+、-、.</td><td>代数演算子、文字列演算子</td><td>左</td></tr>
<tr><td><<、>></td><td>ビット演算子</td><td>左</td></tr>
<tr><td><、<=、>、>=</td><td>比較演算子</td><td>結合しない</td></tr>
<tr><td>==、!=、===、!==、<>、<=></td><td>比較演算子</td><td>結合しない</td></tr>
<tr><td>&</td><td>ビット演算子、リファレンス</td><td>左</td></tr>
<tr><td>^</td><td>ビット演算子</td><td>左</td></tr>
<tr><td>|</td><td>ビット演算子</td><td>左</td></tr>
<tr><td>&&</td><td>論理演算子</td><td>左</td></tr>
<tr><td>||</td><td>論理演算子</td><td>左</td></tr>
<tr><td>??</td><td>NULL合体演算子</td><td>右</td></tr>
<tr><td>? :</td><td>三項演算子</td><td>左</td></tr>
<tr><td>=、+=、-=、*=、**=、
/=、.=、%=、&=、|=、
^=、<<=、>>=、??=</td><td>代入演算子</td><td>右</td></tr>
<tr><td>yield from</td><td>ジェネレータの委譲</td><td></td></tr>
<tr><td>yield</td><td>ジェネレータ関数の実行一時停止</td><td></td></tr>
</table>

演算子	説明	結合性
print	文字列の出力	
and	論理演算子	左
xor	論理演算子	左
or	論理演算子	左

◆実行演算子

実行演算子（バックティック演算子、backtick operator）は、シェル（OS）で実行するコマンド文字列を逆引用符「`」で囲います（引用符「'」ではありません）。

次の例は、Windows のコマンド dir を実行してカレントディレクトリの内容を出力する例です。

```
$cmd = `dir`;
echo $cmd;
```

UNIX 系 OS でコマンドライン「ls -al」を実行してカレントディレクトリの内容を出力する例を次に示します。

```
$cmd = `ls -al`;
echo $cmd;
```

練習問題

3.1　変数２個にそれぞれ文字列を保存して、それらを結合した結果を出力するプログラムを作ってください。

3.2　整数の割り算を行ってその商と余りを求めるプログラムを作ってください。

3.3　２つの実数の変数を作って値を代入し、それらを比較した結果を出力するプログラムを作ってください。

第4章

入出力

この章では、キーボードから入力したり画面に表示する方法について説明します。

4.1 コンソール出力

第２章と第３章ではechoやprintを使って文字列や値を出力していました。ここでは他の方法を使った出力についても説明します。

◆echoとprint◆

これまでのコード例では、echoやprint使って文字列や値を出力してきました。これらは指定された文字列を出力します（数値は文字列に自動的に変換されて出力されます）。

たとえば、次の文を実行すると「Hello, PHP」と出力することができます。

```
echo "Hello, PHP";
print "Hello, PHP";
```

出力後に確実に改行するようにしたいときには次のコードを実行します。

```
echo "Hello, PHP¥n";
print "Hello, PHP¥n";
```

文字列や自動的に文字列に変換される変数の値を一度に複数出力したいときには、.（ピリオド）で出力する文字列をつなげます。

```
echo "Hello, " . "PHP¥n";
print "Hello, " . "PHP¥n";

$a= "ABC";
$b= 'xyz';
print $a . $b;

$a= "x=";
$x= 123;
```

```
print $a . $x;              // xは自動的に文字列に変換される
```

PHPのechoやprintは、関数ではなく言語構造なので、引数を丸括弧で囲わなくても構いません。

◆printf()

これまでのプログラムではprintを使いましたが、出力によく使う関数と呼ぶものとして、printf()があります。

第3章までで使っていたechoやprintで出力できるのは、文字列または文字列に自動的に変換される式だけでした（数値のような値も式に含まれます）。printf()を使うと、複数の値や文字列を書式を指定して出力することができます。

関数printf()は出力する書式を指定して使います。printf()の基本的な書式は次の通りです。

```
printf ( string $format [, $v1, $v2, $v3 ...] ) : int
```

*format*は出力する書式です。ここに文字列だけを指定すれば、その文字列だけが出力されます。つまり、*format*に指定する書式は、出力する文字列そのものでも構いません。また、第2章で説明したエスケープシーケンスを使うこともできます。たとえばABCと出力して改行し、次の行にdefと出力したい場合は次のようにします。

```
php > printf("ABC¥ndef¥n");
ABC
def
```

関数printf()で出力する書式のv1、v2、v3、……は出力する値です。これらの出力する値は、あとで説明する書式文字列の%に続く文字に対応させます。

たとえば、次のように書式を "%d %5.2f %s¥n" として、3 個の変数 x、v、c の出力を行うとします。

```
printf("%d %5.2f %s¥n", $x, $v, $c);
```

変数 x の値は %d の部分に、変数 v の値は %5.2f の部分に、変数 c の値は %s の部分にあてはめられて出力され、最後に改行（¥n）します。

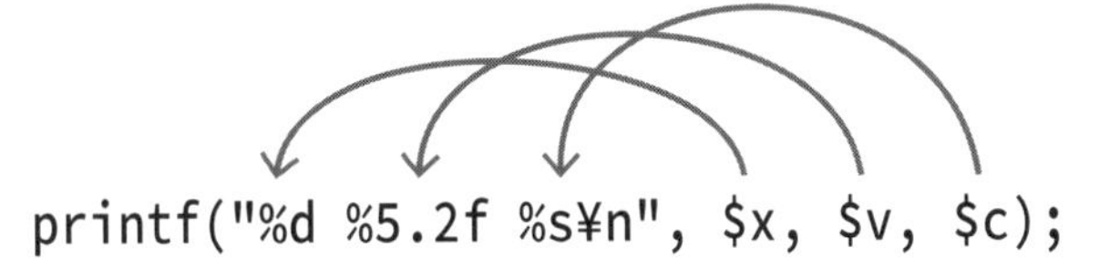

図4.1●printf()の書式と出力する値

%d、%5.2f、%s などの意味についてはこのあとの書式指定文字列で説明します。

対話シェルで実行するなら次のように実行します。

```
php > $x=10;
php > $v=12.3;
php > $c="C";
php > printf("%d %5.2f %s¥n", $x, $v, $c);
10 12.30 C
```

"%d %5.2f %s¥n" という文字列の最後の "¥n" は、改行のエスケープシーケンスです。改行のエスケープシーケンスを含む書式を指定する単純な例を次に示します。

```
$n = 123;

printf("nの値は=%d¥n", $n);
```

これを実行すると「n の値は =123」と出力され、出力後に改行されます。つまり整数変数 n の値を、「%d」という書式で出力してから改行（¥n）します。

スクリプトファイルで printf() を実行する場合、出力する書式でエスケープシーケンス ¥n を使ってこのように明示的に改行を指定しない限り、出力後の改行は行われません。たとえば、次のようなコードを実行するとします。

```
printf("Name:");
```

すると、「Name:」と出力されたあとで改行は行われないので、プログラムを実行したときにカーソル（入力する場所を示す点滅）は「Name:」の直後にあります。

```
Name:█
```

この例はあとで示します。

◆ 書式指定文字列

書式指定文字列は、出力や入力などの書式を指定する文字列です。

printf() やあとで説明する入力用の関数 fscanf() などには、書式指定文字列を使って出力や入力の際の書式（フォーマット）を指定することができます。

すでに説明した「%d」はそこに整数を 10 進数で出力することを意味しますが、たとえば、「%x」を指定するとそこに整数を 16 進数で出力します。また、たとえば、「%8.3f」を指定するとそこに実数を全体で 8 桁で小数点以下 3 桁で出力します。

```
$n = 28;

printf("nの値は=%d¥n", $n);     // 出力は「nの値は=28」
printf("nの値は=%x¥n", $n);     // 出力は「nの値は=1c」

$v = 24.4567;

printf("vの値は=%8.3f¥n", $v); // 出力は「vの値は= 24.457」
```

このような書式指定文字列を一般化すると次のように表現できます。

```
%[flags][width][precision]type
```

出力の形式を指定する type に指定可能な主な文字を次の表に示します。

表4.1●関数printf()の主な書式指定文字

指定子	解説
%b	2進数で出力する
%c	ASCII文字を出力する
%d	10進数で出力する
%e	仮数と指数表現で出力する（eは小文字）
%E	仮数と指数表現で出力する（Eは大文字）
%f	実数表現で出力する
%F	実数表現で出力する（%fと同じ）
%g	指数部が大きい場合は%e、それ以外は%fで出力する
%G	指数部が大きい場合は%E、それ以外は%Fで出力する
%h	%Fで出力する（PHP 8以降）
%H	指数部が大きい場合は%E、それ以外は%Fで出力する（PHP 8以降）
%o	8進数で出力する
%s	文字列をそのままの書式で出力する
%u	符号なし小数で出力する
%x	16進数で出力する（a〜fは小文字）
%X	16進数で出力する（A〜Fは大文字）

flags には、次のような文字を指定できます。

表4.2●フラグの文字

フラグ	意味	例
+	正の整数でも符号を付ける	"%+d"
-	10進数で出力し空白を使って左詰めにする	"%-5d"
0	指定した桁数だけ左を0で埋める	"%08d"

フラグ	意味	例
空白	指定した桁数だけ空白で埋める(右詰めにする)	"% 8d"
'(char)	指定した(char)で埋める	"%'x5d"

flag は他のオプションを組み合わせることがよくあります。たとえば *flag* と *width* を指定した %0*n*d という書式指定文字列は、整数を 10 進数で出力し、*n* で指定した桁数だけ左を 0 で埋めます。

width には、出力する幅を指定します。

precision には、出力する小数点以下の桁数を指定します。この数値を指定する場合は数値の前にピリオド（.）を付ける必要があります。

いくつかの例を次に示します。

```
php > printf("%5d¥n", 123);
  123
php > printf("%5.2f¥n", 1.2);
 1.20
php > printf("%'x5d", 12);
xxx12
php > printf("%-5d¥n", 12);
12
php > printf("%-5dXXX¥n", 12);
12   XXX
php > printf ("%08d¥n", 12);
00000012
```

◆ print_r()

変数の値に関する情報をわかりやすい形式で出力する関数として print_r() があります。

たとえば、配列のような単純でないデータを「print $a;」で出力しようとしても意図したようには出力できません。そのような場合に print_r() を使うと詳しい情報を得ることができます。

```
php > $a = array(1,3,5);
php > print_r ( $a );
Array
(
    [0] => 1
    [1] => 3
    [2] => 5
)
```

print_r() に似た機能を持つ関数として var_dump() や var_export() もあります。

```
php > var_dump( $a );
array(3) {
  [0]=>
  int(1)
  [1]=>
  int(3)
  [2]=>
  int(5)
}
php > var_export( $a );
array (
  0 => 1,
  1 => 3,
  2 => 5,
)
```

これらの関数は、値の詳細がわからない変数を調べるときに役立ちます。

◆ 省略形出力

PHP スクリプトをファイルに書いて実行する場合は、print や echo を省略して <?= という形で出力することができます。

```
<?= "省略した出力" ?>
```

あるいは次のように記述します。

```
<?=
'省略した複数行出力'
?>
```

これはごく短いテキストなどを手軽に出力したいときに使います。

4.2 コンソール入力

ここではキーボードから文字列や数値を入力する方法を説明します。

◆ キーボードからの入力

PHP のプログラムでキーボードからの入力をプログラムが受け取ることができます。

厳密にはここで説明する方法は標準入力（STDIN）からの入力なので、OS のパイプやリダイレクトという機能も利用することができます。

ただし、いくつかの注意点があります。

まず、この方法は対話シェルでは使うことができません。

また、PHP 7 や PHP 8 を使ってシステム全体が UTF-8 の Linux システムなど実行する際には問題なく日本語を扱うことができますが、本書執筆時点では Windows では意図したとおりに日本語を入力できない場合があります（ASCII 文字列は問題なく入力できます）。

◆ fgets(STDIN)

基本的なキーボードからの入力には、fgets(STDIN) を使うことができます。

fgets(STDIN) の書式は次の通りです。

```
fgets (STDIN  [, int $length = ?] ) : string|false
```

length で長さを指定することができ、入力があれば入力された文字列が、入力に失敗したら false が返されます。

キーボードから取得した文字列を変数に保存するときには、たとえば次のようにします。

```
$s = fgets(STDIN);
```

たとえば、OS のコマンドラインから php -r で実行するときには次のようにします。

```
>php -r "$s=fgets(STDIN); print $s;"
hello
hello
```

これは Windows での実行例ですが、UNIX 系 OS でも " の代わりに ' を使うこと以外は同じです。

fgets(STDIN) で入力を受け取る方法は単純ですが、単にキーボード入力を受け付ける命令を実行すると、画面には何も表示されないので、入力の前にこれから入力して欲しいことを表す文字列（プロンプト）を表示するのが普通です。ここでは「Name:」と表示してみましょう。

```
print "Name:";     // 「Name:」の出力（改行はしない）
```

ここまでで説明した文字列の入力に関するコードをまとめると、次のようになります。

```
print "Name:";              // 「Name:」の出力（改行はしない）
$name = fgets(STDIN);       // 変数nameにキーボードの入力を受け取る
```

これで変数 name にキーボードに入力された 1 行が保存されますが、その 1 行には改行文字や（無駄な空白がある場合は）空白が含まれるので、関数 trim() を呼び出してそれらを削除します。

```
$name = trim(fgets(STDIN));
```

こうして変数 name にキーボードの入力を受け取ったら、次の書式で呼び出すことで、「Hello, *name*!」と出力することができます。

```
printf("Hello, %s!¥n", name);
```

プログラムをまとめると次のようになります。

リスト 4.1 ● helloyou.php

```
<?php
print "Name=";
$name = trim(fgets(STDIN));
printf("Hello, %s!¥n", name);
?>
```

これを実行する例を示します。

```
>php helloyou.php
Name=Tommy
Hello, Tommy!
```

◆数値の入力

文字列以外の型の値を入力することもできます。たとえば、整数なら次のようにして1行のデータを文字列で受け取ってから整数に変換します。

リスト4.2●getint.php

```
<?php
print "Integer:";
$line = trim(fgets(STDIN));
$v = (int)$line;
printf("v=%d v*2=%d¥n", $v, $v * 2);
?>
```

受け取った文字列をキャスト(int)で整数に変換している点に注目してください。

また、たとえば、実数なら次のようにします。

リスト4.3●getfloat.php

```
<?php
print "Float:";
$line = trim(fgets(STDIN));
$v = (float)$line;
printf("v=%f v*2.0=%f¥n", $v, $v * 2.0);
?>
```

◆fscanf(STDIN)

printfとほぼ同じように書式を指定してキーボード（標準入力）から入力することができます。書式を指定して入力するときはfscanf()を使います。

fscanf()の書式は次の通りです。

```
fscanf (resource $stream, string $format[, mixed &...$vars])
                                     : array|int|false|null
```

1 2 3 4 5 6 7 8 9 10 11 12 付録

この関数は *stream* から読み込んだテキストをスキャンして、書式文字列 *format* に従って値の配列を返します。*stream* に標準入力（STDIN）を指定すると、キーボード（または OS のパイプなどの標準入力）からの入力を受け取ることができます。書式文字列は書式が入力に限定されることを除いて printf() とほぼ同じです。

たとえば、キーボードから入力された 2 つの整数を、変数 $linputs に保存したい場合は次のコードを実行します。

```
$inputs = fscanf(STDIN, "%d %d");
```

入力が成功したときに返される値は入力された値の配列です。この配列はたとえば次のようにすることで個々の変数に代入できます。

```
list($n, $m) = $inputs;
```

このコードを使った実行できるプログラム全体は次のようになります。

リスト 4.4 ● fscanfex.php

```
<?php
printf("2つの整数を入力してください：");

$inputs = fscanf(STDIN, "%d %d");
list($n, $m) = $inputs;

printf("%dと%dの合計は%d¥n", $n, $m, $n + $m);
}
```

このプログラムの実行例を次に示します。

```
>php fscanfex.php
2つの整数を入力してください：12 23
12と23の合計は35
```

4.3 コマンド引数

OSからPHPプログラムを実行するときには、OSからPHPプログラムに値を渡すことができます。

◆コマンドラインと引数

プログラムを実行するときに、OSに対して入力する文字列全体をコマンドラインといいます。たとえば、「copy sample.dat dest.dat」(Windows) や「cp sample.dat dest.dat」(UNIX系OS) と入力して実行するときの「copy sample.dat dest.dat」や「cp sample.dat dest.dat」全体がコマンドラインで、「copy」や「cp」はコマンド、「sample.dat dest.dat」のようなコマンドに続く空白で区切られた個々の文字列はコマンドライン引数（コマンドラインパラメータ）です。

◆コマンドライン引数の処理

PHPのプログラムを実行（起動）するときのコマンドラインに引数（パラメーター）を指定して、プログラムの中で利用することができます。

コマンドラインに引数を付けてPHPのプログラムを実行すると、コマンドラインに指定された引数の数+1が変数argcに、コマンドラインに指定された個々の引数が配列変数argv[]に保存されます。つまり、argcには引数の数にコマンド名のぶんとして1を加算した数が入り、argv[0]にはコマンドの名前が、argv[1]には最初の引数の文字列が、argv[2]には2番目の引数の文字列が入ります。

次の例はコマンド引数の数と内容を出力するプログラムの例です。

リスト4.5 ● cmndargs.php

```
<?php
printf ("引数の数=%d¥n", $argc-1);       // 引数の数
printf ("最初の引数=%s¥n ", $argv[1]);  // 最初の引数
printf ("第2の引数=%s¥n ", $argv[2]);   // 2番目の引数
```

```
printf ("第3の引数=%s¥n ", $argv[3]);
?>
```

上のプログラムは必ず引数を３個指定して実行しないと実行時にエラーになります。第５章で説明する制御構文の if を使うとエラーにならないようにすることができます。

```
<?php
if( $argc != 4 ){
    print "引数を3つ指定してください。";
    exit(0);
}
```

また、上のコードは、第５章で説明する for 文を使ってよりシンプルなコードにすることができます。

このプログラムを Windows のコマンドラインで実行する例を次に示します。

```
>php cmndargs.php Hello 12.3 xyz
引数の数=3
最初の引数=Hello
第2の引数=12.3
第3の引数=xyz
```

4.4 ファイルの読み書き

PHP のプログラムでファイルに読み書きするときには、関数 fopen() を使ってファイルを開き、ファイルにデータを保存したり、ファイルからデータを読み込みます。ここではファイルへのアクセスの方法を学びます。なお、サーバーなどでファイルのアクセスが制限されているか、ファイルにアクセスする関数を php.ini などで無効に設定している環境では、これらのコードを実行しても意図した結果になりません。

◆ファイルへのテキストの出力

ここではファイルに文字列を書き込む手順を説明します。

最初に、ファイル名とファイルのモード（書き込みのときには 'w'）を引数として、関数 fopen() を呼び出します。

```
$fh = fopen('text.txt', 'w');
```

'text.txt' がファイル名で、'w' は書き込み（write）モードであることを表します。

このとき、返されるファイルを識別する値（ファイルハンドル）を変数（この例では fh）に保存しておきます。

次に、関数 fwrite() を使ってファイルに文字列を書き込みます。

```
$len = fwrite($fh, 'Hello, PHP!');
```

最後に関数 fclose() を使ってファイルを閉じます。

```
fclose($fh);
```

変数 len の値を出力すれば、ファイルに書き込んだバイト数がわかります。

```
printf("%dバイト書き込みました¥n", $len);
```

これら一連の流れをスクリプトファイルにすると、次のようになります。

リスト 4.6 ● writeex.php

```
<?php
$fh = fopen('text.txt', 'w');
$len = fwrite($fh, 'Hello, PHP!');
fclose($fh);
printf("%dバイト書き込みました¥n", $len);
```

対話シェルで実行するなら、次のようにします（Windowsの対話シェルでは日本語は文字化けすることがあるのでメッセージを英語にしています）。

```
php > $fh = fopen('text.txt', 'w');
php > $len = fwrite($fh, 'Hello, PHP!');
php > fclose($fh);
php > printf("%d bytes written.¥n", $len);
11 bytes written.
```

書き込みが終わったら関数 fclose() を使ってファイルを閉じます。

```
fclose($fh);
```

これで、カレントディレクトリに、内容が「Hello, PHP!」であるファイル text.txt ができます。

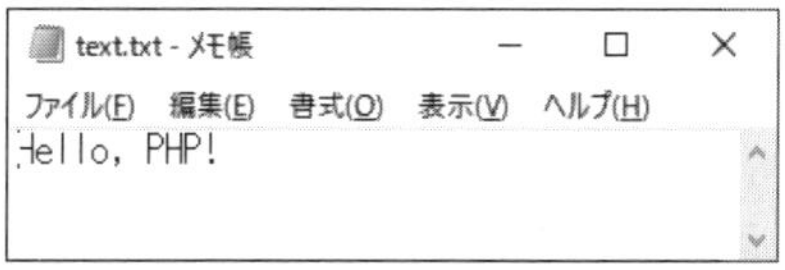

図4.2●作成されたファイルをメモ帳で開いた例

カレントディレクトリは、現在作業しているディレクトリの意味です。PHPの対話シェル（インタラクティブシェル）からカレントディレクトリを調べるときには、関数 getcwd() を呼び出します。

```
php > print getcwd();
C:¥EasyPHP¥ch04
```

ファイルを開くときに指定するファイル名を「text.txt」だけの（相対的な）パス名にすると、カレントディレクトリに保存されます。

アクセス権限があるディレクトリであればファイル名として完全な名前（完全修飾パスまたは完全パスという）を指定しても構いません。たとえば、「C:¥PHPXY¥test.txt」や「/user/username/test.txt」、「/home/username/test.txt」のような、ドライブ名やルートディレクトリから始まってファイル名までの完全な名前を完全修飾パスまたは完全パスといいます。

2行以上のテキストを出力したかったり、行の最後に改行の制御文字を入れたいときには、¥n を挿入します。

```
$fh = fopen('text1.txt', 'w');
fwrite($fh, "Hello, PHP!¥nHappy dogs.¥n");
fclose($fh);
```

このとき、改行のエスケープシーケンスを改行として認識させるために、出力するテキストは引用符「"」で囲わなければならないことに注意してください。

これで、text1.txt の内容は次のようになります。

```
Hello, PHP!
Happy dogs.
```

◆ファイルへの追加

既存のファイルの最後に追加して書き込みたいときには、既存のファイル名とファイルのモードとして 'a'（append の略）を引数として、関数 fopen() を呼び出します。

```
$fh = fopen('text.txt', 'a');
```

この場合も、返されるファイルを識別する値を変数（この例では fh）に保存しておきます。

次に、ファイルの関数 write() を使って通常の出力と同様にファイルに文字列を書き込みます。

```
fwrite($fh, 'Happy dogs.');
```

最後に関数 fclose() を使ってファイルを閉じます。

```
fclose($fh);
```

スクリプトファイルにすると、次のようになります。

リスト 4.7 ● appendex.php

```
<?php
$fh = fopen('text.txt', 'a');
fwrite($fh, 'Happy dogs.');
fclose($fh);
```

これで、内容が「Hello, PHP!」であるファイル text.txt にテキストが追加されると、ファイル text.txt の内容が「Hello, PHP! Happy dogs.」になります。

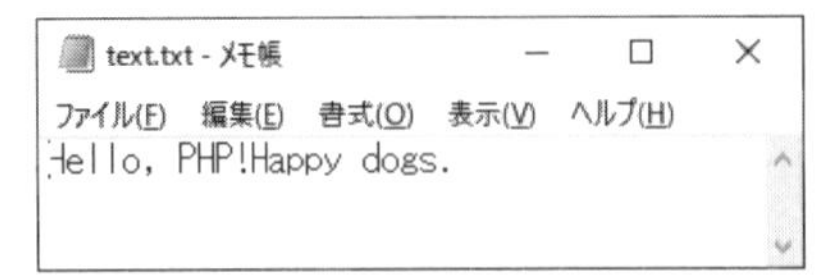

図4.3●追加したファイルをメモ帳で開いた例

前の行の最後で改行して、２行にして保存したければ、改行したい位置に改行の制御文字「¥n」を入れます。たとえば、次のようにすると、「Hello, PHP!」の直後で改行されて、次の行に「Happy dogs.」を出力します。

```
<?php
$fh = fopen('text.txt', 'a');
fwrite($fh, "¥nHappy dogs.");
fclose($fh);
```

この場合も「¥n」をエスケープシーケンスとして処理したいので、文字列を " で囲うことに注意してください。

◆単純なファイルからの読み込み◆

ファイルからの読み込みのときにも fopen() を使ってファイルを開きます。

最初に、ファイル名とファイルのモードとして 'r' を引数として、関数 fopen() を呼び出します（'r' は read モードであることを表します）。

```
$fh = fopen('text.txt', 'r');
```

このとき、返されるファイルを識別する値を変数（この例では fh）に保存しておきます。

次に、ファイルの関数 fgets() を使ってファイルから文字列を読み込みます。

```
$s = fgets($fh);
```

1 2 3 4 5 6 7 8 9 10 11 12 付録

読み込みが終わったら関数 fclose() を使ってファイルを閉じます。

```
fclose($fh);
```

最後に読み込んだ内容を出力してみます。

```
print ($s);
```

これで、ファイル text.txt から読み込んだ内容を知ることができます。

行の最後に改行の制御コードが含まれている場合、読み込んだデータの最後には ¥n が付いています。

スクリプトファイルにすると、次のようになります。

リスト 4.8 ● fgetsex.php

```
<?php
$fh = fopen('text.txt', 'r');
$s = fgets($fh);
fclose($fh);
print ($s);
```

◆ while 文を使った読み込み

fgets() は1行のテキストをプログラムに読み込みます。2行以上のテキストを順に読み込みたいときには、while 文を使って行ごとに fgets() を呼び出して繰り返し読み込みます。

リスト 4.9 ● forfgets.php

```
<?php
$fh = fopen ('sample.txt', 'r');
while (($line = fgets($fh, 4096)) !== false) {
    print($line);
}
fclose($fh);
```

対話シェルで実行すると例えば次のようになります。

```
php > $fh = fopen ('sample.txt', 'r');
php > while (($line = fgets($fh, 4096)) !== false) {
php {     print($line);
php { }
# sample.txt
これはサンプルファイルです。
なんたらかんたら。
ありゃまこりゃま。
これが最後の行だよ。


php > fclose($fh);
```

file_get_contents() を使えば、テキスト行ごとに読み書きするのではなく、ファイルの内容をすべて文字列に読み込むことができます。

◆エラー処理

PHP ではファイルを開けないような問題が発生しても、通常は致命的なエラーではなく、警告（Warning）として報告され、以降の処理を続けようと試みます。そのため、エラー処理は関数が返す値を調べることによって行います。

ファイルの書き込みのときの典型的なエラー処理の例を次に示します。

```
$fh = fopen ('sample.txt', 'r');
if ($fh) {
    while (($line = fgets($fh, 4096)) !== false) {
        print($line);
    }
    if ( !feof($fh) ) {
        printf("読み込みエラー¥n");
    }
    fclose($fh);
} else {
    printf("オープンエラー¥n");
}
```

他の多くのプログラミング言語では、ファイルを開けないことやファイルに読み書き（アクセス）できないことなどは致命的な問題として例外を生成し、そこでプログラムが終了します（PHP の例外については第 12 章で取り上げます）。

練習問題

4.1 名前と年齢を入力すると、「" 名前 "(年齢)」という形式で出力するプログラムを作成してください。

4.2 2 つの整数を入力すると加算した結果を出力するプログラムを作ってください。

4.3 コマンドライン引数に 2 個の実数を指定するとその和を計算して出力するプログラムを作ってください。

制御構造

この章では、プログラムの流れを制御する制御構文について説明します。プログラムの流れは、分岐と繰り返しで制御します。

5.1 条件分岐

条件分岐の文では、条件に応じて次に実行するコードを選択することができます。

◆if文

if文は条件式を評価した結果に応じて実行するステートメントを決定します。

if文の最も基本的な形式は次の通りです

```
if (expr)
    statement
```

この場合、*expr*は条件式で、*expr*が真（True）であるときに、*statement*が実行されます。

たとえば、次のコードの場合、変数xの値がゼロより大きい数であるときに「*x*は正の数」と出力されます。

```
if ($x > 0)
  printf("%dは正の数¥n", $x);
```

条件に一致したときに実行されるコードを明確にするために、次のように波括弧で囲っても構いません。

```
if ($x > 0) {
  printf("%dは正の数¥n", $x);
}
```

複数の*statement*を実行したいときには必ず波括弧で囲います。

```
if ($x > 0) {
```

```
  printf("%dは正の数¥n", $x);
  printf("負数にすると%d¥n", -$x);
}
```

条件が真でないときに実行したい文がある場合には else 節を使います。その場合の書式は次の通りです。

```
if (expr) {
    statement_true
} else {
    statement_false
}
```

statement_true は条件式が真の場合に実行するステートメント、*statement_false* は条件式が偽の場合に実行するステートメントです。

たとえば、次のコードの場合、変数 x の値がゼロより大きい数であるときに「x は正の数」と出力され、*x* がゼロより小さい数であるときに「*x* は負の数」と出力されます。

```
if ($x > 0) {
  printf("%dは正の数¥n", $x);
} else {
  printf("%dは負の数¥n", $x);
}
```

else に if を続けてさらに条件によって分岐を行うことができます。

たとえば、次のコードの場合、変数 x の値がゼロより大きい数であるときに「x は正の数」と出力され、変数 x の値がゼロより小さい数であるときに「x は負の数」と出力されます。

```
if ($x > 0) {
  printf("%dは正の数¥n", $x);
} else if ($x < 0) {
```

```
  printf("%dは負の数¥n", $x);
}
```

else と if の間に空白を入れて「else if」とする代わりに「elseif」としても構いません。

```
if ($x > 0) {
  printf("%dは正の数¥n", $x);
} elseif ($x < 0) {
  printf("%dは負の数¥n", $x);
}
```

elseif のあとにさらに続けて else を使うこともできます。

たとえば、次のコードの場合、変数 x の値がゼロより大きい数であれば「x は正の数」、ゼロより小さい数であれば「x は負の数」、それらのいずれでもなければ「x はゼロ」と出力されます。

```
if ($x > 0) {
    printf("%dは正の数¥n", $x);
} else if ($x < 0) {
    printf("%dは負の数¥n", $x);
} else {
    printf("%dはゼロ¥n", $x);
}
```

キーボードから入力された整数が正であるか負であるかゼロであるか調べるプログラムは、次のようになります。

リスト 5.1 ● ifelse.php

```
<?php
print "Integer:";
$x = (int)trim(fgets(STDIN));
if ($x > 0) {
    printf("%dは正の数¥n", $x);
```

```
} elseif ($x < 0) {
    printf("%dは負の数¥n", $x);
} else {
    printf("%dはゼロ¥n", $x);
}
```

これらの比較演算子による if 文の比較や一致では、値が大きいか小さいか、あるいは同じかどうかだけの比較です（型は考慮されません）。たとえば、数字の文字列と数値を比較した場合、型変換が自動的に行われて値が同じかどうかだけで判断されます。次の場合、数値文字列 "12" は整数 0 より大きいと判断されます。

```
php > $x="12";
php > if ($x > 0)
php >   printf("%d is Positive Number.¥n", $x);
12 is Positive Number.
php >
```

◆ switch 文

switch 文は、式を評価して、結果に応じて処理を切り替えます。書式は次の通りです。

```
switch (expr) {
  case const-expr :
    statement
    break;
  default:
    default-statement
}
```

expr は処理を切り替える条件となる式、*const-expr* はそのあとの *statement* を実行するときの値、*statement* は実行するステートメント、*default-statement* は *expr* がどの

const-expr とも一致しないときに実行するステートメントです。

「case *const-expr* : *statement*」は何組あっても構いません。また「default: *default-statement*」は省略しても構いません。

C/C++ とは異なり、continue は break と同じ動作をします。

次の例は n の値に応じて出力を変える例です。

```
switch ($n % 2) {    // nを2で割った余り
    case 0:
        printf("%dは偶数¥n", $n);
        break;
    case 1:
        printf("%dは奇数¥n", $n);
        break;
}
```

どの case にも一致しない場合に実行するコードを default: に記述する例を次に示します。

```
switch ($n % 3) {
    case 0:
        printf("%dは3の倍数¥n", $n);
        break;
    default:
        printf("%dは3の倍数ではありません。¥n", $n);
}
```

次に示すような別の書式（代替構文）もあります。

```
switch (expr) :
    case const-expr :
        statement
        break;
    default:
        default-statement
endswitch;
```

ただし、対話シェルでは、この書式は switch 文と最初の case の間で空白も含め何かを出力するとエラーになり、うまく実行できないという厄介な問題があります。

代替構文は対話シェルでは問題が発生したり空白が使えない場合があるなどの問題がありますが、第 9 章以降で説明する HTML 文書の中に PHP コードを埋め込む方法や PHP のスクリプトファイルでは便利に使うことができる場合があります。

代替書式で書くと次のようになります。

```
switch ($n % 2):
    case 0:
        printf("%dは偶数¥n", $n);
        break;
    case 1:
        printf("%dは奇数¥n", $n);
        break;
endswitch;
```

これらのコードを使ったプログラムの例を次に示します。

リスト 5.2 ● switch.php

```
<?php
print "Integer:";
$n = (int)trim(fgets(STDIN));
```

```
switch ($n % 2) { // nを2で割った余り
    case 0:
        printf("%dは偶数¥n", $n);
    case 1:
        printf("%dは奇数¥n", $n);
}

switch ($n % 3) {
    case 0:
        printf("%dは3の倍数¥n", $n);
    default:
        printf("%dは3の倍数ではありません。¥n", $n);
}

switch ($n % 2):
    case 0:
        printf("%dは偶数¥n", $n);
        break;
    case 1:
        printf("%dは奇数¥n", $n);
        break;
endswitch;
```

実行例を次に示します。

```
>php switch.php
Integer:5
5は奇数
5は3の倍数ではありません。
5は奇数

>php switch.php
Integer:10
10は偶数
10は3の倍数ではありません。
10は偶数
```

switch 文の「一致」とは値が同じかどうかだけの比較です（型は考慮されません）。たとえば、数字の文字列と数値を比較した場合、型変換が自動的に行われて値が同じかどうかだけで判断されます。

```
$n = "100";
switch ($n) {
    case 100:
        printf("Score = %d.¥n", $n);
        break;
    default:
        printf("Not 100.¥n");
        break;
}
```

対話シェルで実行すると次のようになります。

```
php > $n = "100";
php > switch ($n) {
php { case 100:
php {   printf("Score = %d.¥n", $n);
php {   break;
php { default:
php {   printf("Not 100.¥n");
php {   break;
php { }
Score = 100.
```

◆ match 文

match 文は、条件に一致する値を返す、PHP 8 で導入された文です（PHP 8.0.0 より前のバージョンでは使えません）。

match 文の書式は次の通りです。

```
$ret_val = match (expr) {
    cond_expr1 => value1,
    cond_expr2 => value2,
         ⋮
};
```

式 *expr* は一致するかどうか調べる値の式で、この値が条件式 *cond_exprN* と一致すれば *valueN* が返されて *ret_val* に保存されます。*cond_expr* にはカンマでつなげて複数の条件式を書くことができます。

式 *expr* と条件式 *cond_exprN* とは、型と値が完全に一致していなければなりません（if 文などでは型が異なっていても自動的な変換で一致することがありますが match ではそのような場合は一致とみなしません）。

条件式は式 *expr* のすべての場合を網羅していなければなりません。条件式に default を書くと、他の条件式に一致しない値はすべて default と一致するようになります。

```
$result = match ($x) {
    1,3,5,7,9 => 99,
    // 以下の3つの分岐と等しい:
    2,4,6,8 => 88,
    default => 0,
};
```

これらのコードを使ったプログラムの例を次に示します。

リスト 5.3 ● match.php

```
<?php
print "Integer:";
$x = (int)trim(fgets(STDIN));

$result = match ($x) {
    1,3,5,7,9 => 99,
    // 以下の3つの分岐と等しい:
    2,4,6,8 => 88,
    default => 0,
};
print $result;
```

実行例を次に示します。

```
>php match.php
Integer:3
99
>php match.php
Integer:6
88
>php match.php
Integer:-1
0
```

このプログラムは PHP 8.0.0 より前のバージョンではエラーになります。

5.2 繰り返し

繰り返しには for 文とその類似文および while 文とその類似文を使います。

◆ for 文

for は、何らかの作業を繰り返して実行したいときに使います。

for 文の基本的な使い方は次の書式で使う方法です。

```
for (init-expr ; cond-expr ; loop-expr)
    statement
```

init-expr はこの for 文を実行する際に最初に実行される初期化式、*cond-expr* はループの終了を判定する式、*loop-expr* は繰り返しごとに評価する式、*statement* は繰り返し実行するステートメントです。

次の例は、1 から 9 までの 2 乗の値を出力するコードの例です。

```
for ($i =1; $i < 10; $i++)
    printf("%d**2 = %d¥n", $i, $i*$i);
```

このコードを対話シェルで実行すると次のようになります。

```
php > for ($i =1; $i < 10; $i++)
php >     printf("%d**2 = %d¥n", $i, $i*$i);
1**2 = 1
2**2 = 4
3**2 = 9
4**2 = 16
5**2 = 25
6**2 = 36
7**2 = 49
```

```
8**2 = 64
9**2 = 81
```

繰り返されて実行される部分を明確にするために、次のように波括弧で囲っても構いません。

```
for ($i =1; $i < 10; $i++) {
    printf("%d**2 = %d¥n", $i, $i*$i);
}
```

for 文をネストする（for 文の中に別の for 文を記述する）こともできます。

次の例は、for 文をネストすることで１～９までの階乗の値を出力するコードの例です。

```
for ($i =1; $i < 10; $i++) {
    $v = 1;
    for ($j =2; $j <= $i; $j++) {
        $v = $v * $j;
    }
    printf("%d! = %d¥n", $i, $v);
}
```

このコードを対話シェルで実行すると次のようになります。

```
php > for ($i =1; $i < 10; $i++) {
php {     $v = 1;
php {     for ($j =2; $j <= $i; $j++) {
php {         $v = $v * $j;
php {     }
php {     printf("%d! = %d¥n", $i, $v);
php { }
1! = 1
2! = 2
3! = 6
4! = 24
```

```
5! = 120
6! = 720
7! = 5040
8! = 40320
9! = 362880
```

多重代入を使ってループの中で複数の制御変数を使うことができます。

```
for ($i=0, $j=9; $i<10 && $j>=0; $i++, $j--) {
    printf("%d %d¥n", $i, $j);
}
```

このコードを対話シェルで実行すると次のようになります。

```
php > for ($i=0, $j=9; $i<10 && $j>=0; $i++, $j--) {
php {     printf("%d %d¥n", $i, $j);
php { }
0 9
1 8
2 7
3 6
4 5
5 4
6 3
7 2
8 1
9 0
```

無限ループを作りたいときは for 文の条件式を省略します。

```
for ($i = 0; ;$i++ ){      //条件式を省略
    print ($i);
    if ($i > 10) {
        break;  // breakでループから抜ける
```

```
    }
}
```

無限ループは、break でループから抜けるかプログラムを終了するか、あるいは、ユーザーがキーボードの Ctrl キーを押しながら C キーを押すなど、何らかの手段で終了させる必要があります。

◆ foreach 文

foreach 文は、配列とオブジェクトの値の各要素すべてに対して処理を繰り返します。次の例では、配列の各要素に対して printf() を実行します。

```
$fruits = array("Apple", "Orange", "Banana");
foreach ($fruits as $name) {
    printf("%s¥n", $name);
}
```

このコードを対話シェルで実行すると次のようになります。

```
php > $fruits = array("Apple", "Orange", "Banana");
php > foreach ($fruits as $name) {
php {     printf("%s¥n", $name);
php { }
Apple
Orange
Banana
```

繰り返しのループの中で配列の要素を直接変更したい場合は、変数名の前に & を付けて参照を使います。

```
$values = array(1, 2, 3);
foreach ($values as &$val) {
    printf("%d %d¥n", $val, $val *= 2);
```

```
}
unset($val);
```

このコードを対話シェルで実行すると次のようになります。

```
php > $values = array(1, 2, 3);
php > foreach ($values as &$val) {
php {     printf("%d %d¥n", $val, $val *= 2);
php { }
1 2
2 4
3 6
php > unset($val);
```

◆ while 文

PHP の while 文の形式は次の通りです。

```
while (expr) {
    statement;
}
```

while 文の *expr* は繰り返しを継続するかどうかを決定する条件式で、*expr* が真（True）である限り *statement* を繰り返し実行します。

または次の代替書式を使います。

```
while (expr) :
    statement;
endwhile;
```

次の例は while 文を使って０～９までの値を出力するプログラムの例です。

```
$i = 0;
while ($i < 5){
    printf("%d¥n", $i);
    $i++;
}
```

このコードを対話シェルで実行すると次のようになります。

```
php > $i = 0;
php > while ($i < 5){
php {     printf("%d¥n", $i);
php {     $i++;
php { }
0
1
2
3
4
```

あるいはスクリプトファイルにする場合は次のように代替構文を使っても構いません。

リスト 5.4 ● whileex.php

```
<?php
$i = 0;
while ($i < 5):
    printf("%d¥n", $i++);
endwhile;
```

◆ do-while 文

do-while 文は最後にループを継続するかどうかの判断を行います。

```
do {
    statement;
} while (expr);
```

expr は繰り返しを継続するかどうかを決定する条件式で、*expr* が真（True）である限り *statement* をループの先頭に戻って繰り返し実行します。

次の例は i の値が 5 を超えるまで繰り返し i の値を出力するプログラムの例です。

```
$i = 0;
do {
    printf("%d¥n", $i++);
} while($i<5);
```

◆ break 文

break は switch 文で使う他に、ループの繰り返し処理を終了することにも使います。

以下の例では、i が 5 以上になったらループ処理を終了します。

```
for ($i =0; $i < 10; $i++) {
    if ($i > 5) {
        break;
    }
    print $i;
}
```

このコードを対話シェルで実行すると次のようになります。

```
php > for ($i =0; $i < 10; $i++) {
php {     if ($i > 5) {
php {         break;
php {     }
php {     print $i;
php { }
012345
```

◆ return

関数から呼び出し元に戻る文として return 文があります。この文は関数の中で使って関数から抜け出るために break に似た使い方をすることができます。

どこからも呼び出されていないコードで return 文を実行するとプログラムが終了します。

return 文については第 6 章「関数」でも説明します。

◆ continue

continue はループの繰り返し処理を行っているときに、以降のコードを実行しないでループの先頭に戻ります。

以下の例では、i が偶数のときだけ値を出力します。

```
for ($i =0; $i < 10; $i++) {
    if ($i % 2==1)
        continue;
    print $i;
}
```

このコードを対話シェルで実行すると次のようになります。

```
php > for ($i =0; $i < 10; $i++) {
php {     if ($i % 2==1)
```

```
php {         continue;
php {     print $i;
php { }
02468
```

5.3 無条件分岐

無条件に指定した場所にジャンプする命令として、goto 文があります。

◆ goto

goto 文は指定したラベルの場所に無条件にジャンプします。使い方は次の通りです。

```
goto label;
```

label はジャンプ先のラベルで、名前の最後にコロンを続けて「*label:*」という形式で記述します。

無条件とはいえ、ジャンプ先のラベルは同じファイル上の同じコンテキストになければなりません。関数から抜け出たり、他のループに入ることはできません。

次の例は繰り返しに goto 文を使う例です。

```
$n = 0;

looptop:
if ($n < 5) {
    printf("%d**2 = %d¥n", $n, $n * $n);
    $n++;
    goto looptop;
}
```

このコードを対話シェルで実行すると次のようになります。

```
php > $n = 0;
php >
php > looptop:
php > if ($n < 5) {
php {     printf("%d**2 = %d¥n", $n, $n * $n);
php {     $n++;
php {     goto looptop;
php { }
0**2 = 0
1**2 = 1
2**2 = 4
3**2 = 9
4**2 = 16
```

対話シェルでは、goto でジャンプする先のラベルがあらかじめ定義されていないとエラーになります。

次の例は goto 文を使って繰り返し、n の値が 5 以上になったらループを抜ける例です。

リスト 5.5 ● gotolabel.php

```
<?php
$n = 0;

looptop:
if ($n > 5) {
    goto loopend;
}
printf("%dの2乗は%d¥n", $n, $n * $n);
$n++;
goto looptop;
loopend:;
```

このプログラムは goto でジャンプする先のラベルがあらかじめ定義されていないので対話シェルではエラーになります。

OSのコマンドラインからのスクリプトファイルの実行例を次に示します。

```
>php gotolabel.php
0の2乗は0
1の2乗は1
2の2乗は4
3の2乗は9
4の2乗は16
5の2乗は25
```

goto文を多用すると、プログラムの流れがわかりにくくなり、発見しにくいバグの原因となるので、goto文は他に方法がない場合や他のプログラミング言語のソースコードを書き換えるときにどうしても避けられない場合に限ってきわめて限定的に使うようにするべきです。

練習問題

5.1　キーボードから入力された整数が、奇数であるか偶数であるか調べるプログラムを作成してください。

5.2　入力された整数が、ゼロか、負の数か、10未満の正の数か、10以上の正の数かを調べて結果を表示するプログラムを作ってください。

5.3　入力された整数の階乗を計算するプログラムを乗算の演算だけで作ってください。

関数

この章では、PHP の関数の使い方と作り方について説明します。

6.1 関数

ここでは、基本的な関数の使い方といくつかの関数の例を示します。最初に PHP にあらかじめ用意されているいくつかの関数の使い方を学んだあとで、6.2 節「関数の定義」に進んで関数の作り方を学びます。

◆ 関数

関数は、何らかの値を引数で受け取って、何らかの処理を行って応じて結果を返す、名前が付けられた呼び出し可能な一連のプログラムコードです。引数がない場合や、結果を返さない場合もあります（その場合、何らかの処理を行います）。

たとえば、次の関数 abs() は、引数の絶対値を返します。

```
$x = -2.1;
$y = abs($x);
printf("abs(%g)=%g¥n", $x, $y);
```

このコードを対話シェルで実行すると次のようになります。

```
php > $x = -2.1;
php > $y = abs($x);
php > printf("abs(%g)=%g¥n", $x, $y);
abs(-2.1)=2.1
```

また、たとえば乱数を生成して出力したいとします。このときには関数 rand() を呼び出して数を生成することができます。

関数 rand() には次の 2 種類の書式があります。

```
rand () : int
rand ( int $min , int $max ) : int
```

下の書式で rand() の引数に 2 個の整数値を指定することで生成する数の範囲を指定できます。第 1 引数 min には生成する範囲の最小値を、第 2 引数 max には最大値を指定します。

例えば、次の例は 0 から 100 までの範囲で乱数を出力します。

```
echo rand(0, 100);
```

対話シェルで次のように何度か実行してみると、ランダムな数が生成することがわかります。

```
php > echo rand(0, 100);
66
php > echo rand(0, 100);
10
php > echo rand(0, 100);
54
php > echo rand(0, 100);
60
php > echo rand(0, 100);
45
```

また、次のようにすると 2 個の整数をランダムに生成して加算して結果を表示することもできます。

```
$v1 = rand(1,50);
$v2 = rand(1,50);
printf ("%d + %d = %d¥n", $v1, $v2, $v1+$v2);
```

対話シェルで実行した例を次に示します。

```
php > $v1 = rand(1,50);
php > $v2 = rand(1,50);
php > printf ("%d + %d = %d¥n", $v1, $v2, $v1+$v2);
39 + 31 = 70
```

これらの数値に関する関数はMath関数というカテゴリに属します。

Math関数には他にもたくさんの数学関数が定義されています。次の表にMath関数に含まれる主な関数を示します（各関数の詳細についてはPHPのドキュメントを参照してください）。

表6.1●Math関数カテゴリの関数

名前	機能
abs()	絶対値を返す。
acos()	逆余弦（アークコサイン）を返す。
acosh()	逆双曲線余弦（アークハイパボリックコサイン）を返す。
asin()	逆正弦（アークサイン）を返す。
asinh()	逆双曲線正弦（アークハイパボリックサイン）を返す。
atan2()	2変数のアークタンジェントを返す。
atan()	逆正接（アークタンジェント）を返す。
atanh()	逆双曲線正接（アークハイパボリックタンジェント）を返す。
base_convert()	数値の基数を任意に変換して返す。
bindec()	2進数を10進数に変換して返す。
ceil()	端数を切り上げた値を返す。
cos()	余弦（コサイン）を返す。
cosh()	双曲線余弦（ハイパボリックコサイン）を返す。
decbin()	10進数を2進数に変換して返す。
dechex()	10進数を16進数に変換して返す。
decoct()	10進数を8進数に変換して返す。
deg2rad()	度単位の数値をラジアン単位に変換して返す。
exp()	eの累乗を計算して返す。

名前	機能
expm1()	値がゼロに近いときにも精度を保つためにexp(*number*) - 1を返す。
fdiv()	IEEE 754に従い、数値の除算を行った結果を返す。
floor()	端数を切り捨てた値を返す。
fmod()	引数で除算をした際の剰余を返す。
getrandmax()	乱数の最大値を返す。
hexdec()	16進数を10進数に変換して返す。
hypot()	直角三角形の斜辺の長さを計算して返す。
intdiv()	整数値の除算を返す。
is_finite()	値が有限の数値であるかどうかを示すブール値を返す。
is_infinite()	値が無限大であるかどうかを示すブール値を返す。
is_nan()	値が非数であるかどうかを示すブール値を返す。
lcg_value()	複合線形合同法を返す。
log10()	底が10の対数を返す。
log1p()	値がゼロに近いときにも精度を保つ方法で計算したlog(1 + *number*)を返す。
log()	自然対数を返す。
max()	最大値を返す。
min()	最小値を返す。
mt_getrandmax()	乱数値の最大値を返す。
mt_rand()	メルセンヌ・ツイスター乱数生成器を介して乱数値を返す。
mt_srand()	メルセンヌ・ツイスター乱数生成器にシードを指定する。
octdec()	8進数を10進数に変換して返す。
pi()	円周率の値を返す。
pow()	指数表現を返す。
rad2deg()	ラジアン単位の数値を度単位に変換して返す。
rand()	乱数を生成して返す。
round()	浮動小数点数を丸めた値を返す。
sin()	正弦(サイン)を返す。
sinh()	双曲線正弦(ハイパボリックサイン)を返す。
sqrt()	平方根を返す。

名前	機能
srand()	乱数生成器を初期化する。
tan()	正接(タンジェント)を返す。
tanh()	双曲線正接(ハイパボリックタンジェント)を返す。

※この表で、三角関数に関する値の単位はラジアンです。

たとえば、次のように使います。

```
// 引数の値を切り上げた結果を求める
$y = ceil($x)

//引数の値を切り捨てた結果を求める
$y = floor($x)

//引数の値を四捨五入した結果を求める（丸める）
$y = round($x)
```

以下に math の関数のうちいくつかの関数の使用例を含むプログラムを示します。

リスト 6.1 ● mathex.php

```
<?php

printf("数を入力してください：");
$x = (float)trim(fgets(STDIN));

// 切り上げた結果を返す。
printf("%.2fを切り上げた値は%.2f¥n", $x, ceil($x));

// 切り捨てた結果を返す。
printf("%.2fを切り捨てた値は%.2f¥n", $x, floor($x));

// 四捨五入した結果を返す。
printf("%.2fを四捨五入した値は%.2f¥n", $x, round($x));

// e(2.71828182845904)を底とするべき乗を返す。
```

```
printf("eの%.2f累乗は%.2f¥n", $x, exp($x));

// 平方根を返す。
printf("%.2fの平方根は%.2f¥n", $x, sqrt($x));
```

このプログラムの実行例を次に示します。

```
>php mathex.php
数を入力してください：4.56
4.56を切り上げた値は5.00
4.56を切り捨てた値は4.00
4.56を四捨五入した値は5.00
eの4.56累乗は95.58
4.56の平方根は2.14
```

以下で、PHP にあらかじめ定義されている関数のうち代表的なものをさらにいくつか示します。

◆文字列処理関数

ここでは、関数の使い方に慣れることを目的として、文字列を処理するための関数について説明します。

PHP は文字列を処理するためのさまざまな関数をサポートしています。文字列を処理するための基本的な関数は String 関数というカテゴリに含まれています（この String 関数カテゴリの関数は日本語には対応していません。日本語に対応する関数についてはあとで説明します）。

次の表に String 関数に含まれる主な関数を示します。

表6.2●String関数カテゴリの主な関数

名前	機能
addcslashes()	指定した文字の前にバックスラッシュ（日本語環境では¥）を付けた文字列を返します。
addslashes()	エスケープすべき文字の前にバックスラッシュ（日本語環境では¥）を付けて返す。

名前	機能
bin2hex()	バイナリのデータを16進表現に変換する。
chop()	文字列の先頭と末尾にある空白を削除する(rtrim()のエイリアス)。
chr()	数値から1バイトの文字列を生成する。
chunk_split()	文字列をより小さな部分に分割する。
count_chars()	文字列で使われている文字に関する情報を返す。
crc32()	文字列のcrc32チェックサムを生成して返す。
crypt()	文字列の一方向のハッシュ値を返す。
echo()	1つ以上の文字列を出力する。
explode()	文字列を指定したセパレーターで分割する。
fprintf()	書式化された文字列をストリームに書き込む。
get_html_translation_table()	htmlspecialchars()とhtmlentities()で使う変換テーブルを返す。
hex2bin()	16進エンコードされたバイナリ文字列をデコードする。
html_entity_decode()	HTMLエンティティを対応する文字に変換する。
htmlentities()	適用可能な文字をすべてHTMLエンティティに変換する。
htmlspecialchars_decode()	特殊なHTMLエンティティを文字に戻す。
htmlspecialchars()	特殊文字をHTMLエンティティに変換する。
implode()	配列要素を文字列に連結する。
join()	配列要素を文字列に連結する(implode()のエイリアス)。
lcfirst()	文字列の最初の文字を小文字にする。
levenshtein()	2つの文字列のレーベンシュタイン距離を計算する。
localeconv()	数値に関するフォーマット情報を得る
ltrim()	文字列の最初から空白または指定した文字を削除する。
md5_file()	指定したファイルのMD5ハッシュ値を計算する。
metaphone()	文字列のmetaphoneキーを計算する。
money_format()	数値を金額文字列にフォーマットする。
nl_langinfo()	言語とロケール情報を返す。
nl2br()	改行文字の前にHTMLの改行タグを挿入する。
number_format()	数字を千の位ごとにグループ化してフォーマットする。

名前	機能
ord()	文字列の先頭バイトを0から255までの値に変換する。
parse_str()	文字列を処理し、指定した変数に代入する。
print()	文字列を出力する(実際には関数ではない)。
printf()	書式を指定した文字列を出力する。
quoted_printable_decode()	quoted-printable文字列を8ビット文字列に変換する。
quoted_printable_encode()	8ビット文字列をquoted-printable文字列に変換する。
quotemeta()	メタ文字をクォートする。
rtrim()	文字列の最後から空白または指定した文字を削除する。
setlocale()	ロケール情報を設定する。
sha1_file()	ファイルのSHA1ハッシュを計算する。
sha1()	文字列のSHA1ハッシュを計算する。
similar_text()	2つの文字列の間の類似性を計算する。
sprintf()	書式化された文字列を返す。
sscanf()	書式指定文字列に従って入力を処理する。
str_contains()	指定された部分文字列が文字列に含まれるかを調べる
str_ends_with()	文字列が指定された文字列で終わるかを調べる。
str_getcsv()	CSV文字列をパースして配列に格納する。
str_ireplace()	大文字小文字を区別しないで文字列を置換する。
str_pad()	文字列を固定長の他の文字列で埋める。
str_repeat()	文字列を反復する。
str_replace()	検索文字列に一致する文字列を置換する。
str_rot13()	文字列にrot13変換を行う
str_shuffle()	文字列をランダムにシャッフルする。
str_split()	文字列を配列に変換する。
str_starts_with()	文字列が指定された部分文字列で始まるかどうかを示すブール値を返す。
str_word_count()	文字列に使われている単語についての情報を返す。
strcasecmp()	大文字小文字を区別しないで文字列比較を行う。
strchr()	指定した文字列に一致する部分から文字列の終わりまでを返す(strstr()のエイリアス)。

名前	機能
strcmp()	バイナリセーフな文字列比較
strcoll()	ロケールに基づく文字列比較
strcspn()	マスクにマッチしない最初のセグメントの長さを返す。
strip_tags()	文字列からHTMLとPHPタグ削除する。
stripcslashes()	addcslashesでクォートされた文字列をアンクォートする。
stripos()	大文字小文字を区別せずに文字列が最初に現れる位置を返す。
stripslashes()	クォートされた文字列のクォート部分を削除する。
stristr()	大文字小文字を区別しないで文字列が最初に現れる位置を見つける。
strlen()	文字列の長さを返す。
strnatcasecmp()	自然順アルゴリズムにより大文字小文字を区別しない文字列比較を行う。
strnatcmp()	自然順アルゴリズムにより文字列比較を行う。
strncasecmp()	大文字小文字を区別しないで先頭から指定した文字だけ文字列比較を行う。
strncmp()	先頭から指定した文字だけ文字列比較を行う。
strpbrk()	文字列の中から任意の文字を返す。
strpos()	文字列内の部分文字列が最初に現れる場所を返す。
strrchr()	文字列中の指定した文字列以降を返す。
strrev()	文字列を逆順にする。
strripos()	大文字小文字を区別しないで文字列中で指定した文字列が最後に現れた位置を返す。
strrpos()	文字列中に、ある部分文字列が最後に現れる場所を返す。
strspn()	指定したマスクに含まれる文字からなる文字列の最初のセグメントの長さを返す。
strstr()	指定した文字列に一致する部分から文字列の終わりまでを返す。
strtok()	文字列をトークンに分割する。
strtolower()	文字列を小文字にする。
strtoupper()	文字列を大文字にする。

名前	機能
strtr()	文字列中の指定した文字列を指定した文字列に置換する。
substr_compare()	指定した位置から指定した長さの2つの文字列を比較する。
substr_count()	副文字列の出現回数を返す。
substr_replace()	文字列の一部を置換する。
substr()	文字列の一部分を返す。
trim()	文字列の先頭と末尾にある空白を削除する
ucfirst()	文字列の最初の文字を大文字にする。
ucwords()	文字列の各単語の最初の文字を大文字にする。
vfprintf()	書式化された文字列をストリームに書き込む。
vprintf()	書式化された文字列を出力する。
vsprintf()	書式化された文字列を返す。
wordwrap()	指定した文字数で文字列を分割する。

以下にこの表の中のいくつかの関数の使用例を含むプログラムを示します。

リスト 6.2 ● strings.php

```
<?php
printf("英数文字列を入力してください：");
$s = trim(fgets(STDIN));

// 文字をカウントする。
$len = count(count_chars($s, 1));
printf("%sの文字数は%d¥n", $s, $len);

// 文字列を繰り返す。
printf("%sを2回繰り返すと%s¥n", $s, str_repeat($s, 2));

// すべて大文字に変換する。
printf("%sの小文字を大文字にすると%s¥n", $s, strtoupper($s));

// すべて小文字に変換する。
printf("%sの大文字を小文字にすると%s¥n", $s, strtolower($s));
```

このプログラムの実行例を次に示します。

```
>php strings.php
英数文字列を入力してください：Abc123Xyz
Abc123Xyzの文字数は9
Abc123Xyzを2回繰り返すとAbc123XyzAbc123Xyz
Abc123Xyzの小文字を大文字にするとABC123XYZ
Abc123Xyzの大文字を小文字にするとabc123xyz
```

◆ マルチバイト文字列関数 ◆

String関数カテゴリの関数は、文字列にASCII文字を使うことを前提としています。日本語のようなマルチバイト文字には対応していません。日本語を扱うときにはマルチバイト文字列関数を使います。

次の表にマルチバイト文字列関数に含まれる主な関数を示します。

表6.3●マルチバイト文字列関数カテゴリの主な関数

名前	機能
mb_check_encoding()	指定したエンコーディングで有効かどうかを示すブール値を返す。
mb_convert_encoding()	文字エンコーディングを変換して返す。
mb_convert_kana()	カナを全角かなまたは半角かなに変換して返す。
mb_convert_variables()	変数の文字コードを変換して返す。
mb_decode_mimeheader()	MIMEヘッダーフィールドの文字列をデコードする。
mb_decode_numericentity()	HTML数値エンティティを文字にデコードする。
mb_detect_encoding()	文字エンコーディングを検出する。
mb_detect_order()	文字エンコーディング検出順序を設定するか取得する。
mb_encode_mimeheader()	MIMEヘッダーの文字列をエンコードする。
mb_encode_numericentity()	文字をHTML数値エンティティにエンコードする。
mb_ereg_match()	正規表現に一致するかどうかを示すブール値を返す。
mb_ereg_replace()	正規表現で置換して返す。
mb_ereg_search_getpos()	次の正規表現検索を開始する位置を取得する。

名前	機能
mb_ereg_search_getregs()	正規表現に一致する部分があるかどうかを示すブール値を返す。
mb_ereg_search_init()	正規表現検索用の文字列と正規表現を設定する。
mb_ereg_search_pos()	指定した文字列が正規表現に一致する部分の位置と長さを返す。
mb_ereg_search_regs()	指定した文字列が正規表現に一致する部分を取得する。
mb_ereg_search_setpos()	次の正規表現検索を開始する位置を設定する。
mb_ereg_search()	指定した文字列が正規表現に一致するかどうかを示すブール値を返す。
mb_ereg()	正規表現に一致するかどうかを示すブール値を返す。
mb_eregi_replace()	文字列に大文字小文字を区別せずに正規表現による置換して返す。
mb_eregi()	大文字小文字を無視した正規表現に一致するかどうかを示すブール値を返す。
mb_get_info()	文字列の内部設定値を取得する。
mb_http_input()	HTTP入力文字エンコーディングを取得する。
mb_http_output()	HTTP出力文字エンコーディングを設定するか取得する。
mb_internal_encoding()	内部文字エンコーディングを設定するか取得する。
mb_language()	現在の言語を設定するか取得する。
mb_list_encodings()	サポートするすべてのエンコーディングの配列を返す。
mb_ord()	文字のコードポイントを取得する。
mb_regex_encoding()	現在の正規表現用のエンコーディングを取得または設定する。
mb_regex_set_options()	正規表現関数のデフォルトオプションを取得または設定する。
mb_scrub()	文字列に含まれる不正なバイト列を代替文字に置き換えて返す。
mb_send_mail()	エンコード変換を行ってメールを送信する。
mb_split()	文字列を正規表現により分割する。
mb_str_split()	文字列を受け取り、文字の配列を返す。
mb_strcut()	文字列の一部を取り出して返す。
mb_strimwidth()	指定した幅で文字列を丸めて返す。

名前	機能
mb_stripos()	大文字小文字を区別せず文字列の中で指定した文字列が最初に現れる位置を返す。
mb_stristr()	大文字小文字を区別せず文字列の中で指定した文字列が最初に現れる位置を返す。
mb_strlen()	文字列の長さを返す。
mb_strpos()	文字列の中に指定した文字列が最初に現れる位置を返す。
mb_strrchr()	文字列の中である文字が最後に現れる場所を返す。
mb_strrichr()	大文字小文字を区別せず文字列の中である文字が最後に現れる場所を返す。
mb_strripos()	大文字小文字を区別せず文字列の中で指定した文字列が最後に現れる位置を返す。
mb_strrpos()	文字列の中に指定した文字列が最後に現れる位置を返す。
mb_strstr()	文字列の中で指定した文字列が最初に現れる位置を返す。
mb_strtolower()	文字列を小文字にする。
mb_strtoupper()	文字列を大文字にする。
mb_strwidth()	文字列の幅を返す。
mb_substitute_character()	置換文字を設定するか取得する。
mb_substr_count()	部分文字列の出現回数を返す。
mb_substr()	文字列の中の部分文字列を返す。

以下にマルチバイト文字列関数カテゴリの中のいくつかの関数の使用例を含むプログラムを示します。

リスト 6.3 ● mbstrings.php

```
<?php
printf("文字列を入力してください：");
$s = trim(fgets(STDIN));

// 文字設定を調べる。
printf("文字設定は%s¥n", mb_language());

// 文字数をカウントする。
printf("文字数は%d¥n", mb_strlen($s));
```

Note

マルチバイト文字関数を使うときには、php.ini で設定する必要がある場合があります。

たとえば、Windows でマルチバイト関数を有効にするには次のようにしてマルチバイト文字の拡張を有効にします（パスなどの詳細は環境によって異なります）。

```
extension=c:¥php¥ext¥php_mbstring.dll        // WindowsでPHP単独インス
                                             // トールの場合
extension=c:¥xampp¥php¥ext¥php_mbstring.dll // XAMPPの例
extension=mbstring.so                        // UNIX系OSの典型的な設定
```

◆日時に関する関数

日付時刻カテゴリに日付と時刻に関する関数があります。

次の表に日付時刻カテゴリに含まれる主な関数を示します。

表6.4●日付時刻カテゴリの主な関数

名前	機能
checkdate()	グレゴリオ暦の日付時刻が妥当かどうかを示すブール値を取得する。
date_add()	年月日時分秒の値をDateTimeに加算して返す。
date_create_from_format()	指定した書式で時刻文字列を作成してDateTimeを返す。
date_create()	新しいDateTimeを作成して返す。
date_date_set()	日付を設定する。
date_default_timezone_get()	デフォルトタイムゾーンを取得して返す。
date_default_timezone_set()	デフォルトタイムゾーンを設定する。
date_diff()	2つのDateTimeの差を返す。
date_format()	指定した書式でフォーマットした日付を返す。
date_parse_from_format()	指定した書式で書式化された日付についての情報を返す。
date_parse()	指定した日付時刻の詳細な情報を連想配列で返す。
date_sub()	年月日時分秒の値をDateTimeから引いたDateTimeを返す。

名前	機能
date_time_set()	時刻を設定する。
date_timestamp_get()	タイムスタンプを取得する。
date_timestamp_set()	タイムスタンプを設定する。
date_timezone_get()	タイムゾーンを取得する。
date_timezone_set()	タイムゾーンを設定する。
date()	ローカルの日付時刻を書式化した文字列を返す。
getdate()	日付時刻情報を取得して返す。
gmdate()	GMT/UTCの日付時刻を書式化した文字列を返す。
gmmktime()	GMT日付からUnixタイムスタンプを取得して返す。
gmstrftime()	ロケールの設定に基づいてGMT/UTC時刻/日付を作成して返す。
idate()	ローカルな時刻/日付を整数として整形する。
localtime()	ローカルタイムを取得して返す。
microtime()	現在のUnixタイムスタンプをマイクロ秒まで返す。
mktime()	日付をUnixのタイムスタンプとして取得する。
strftime()	ロケールの設定に基づいてローカルな日付時刻をフォーマットする。
strptime()	strftimeが生成した日付時刻をパースする。
strtotime()	英文形式の日付をUnixタイムスタンプに変換する。
time()	現在のUnixタイムスタンプを返す

これらの関数の多くは DateTime クラスのオブジェクトを扱います。

Note

クラスやオブジェクトについては第７章「クラスとオブジェクト」で解説します。

現在時刻を表す文字列を取得するためには書式を指定して date() を呼び出します。このときの日付時刻の書式文字列の文字の意味は次の通りです。

表6.5●date()の書式文字

書式文字	説明
A	午前または午後(大文字のAM/PM)
B	Swatchインターネット時間。
D	3文字のテキストで表される曜日(Sun、Wedなど)。
F	完全な英語による月の文字列。
G	24時間単位の時の値(0～23)。
H	24時間単位の時の値(00～23)。
I	サマータイム中であるかどうかを示す値(サマータイム中でない=0)。
L	閏年であるかどうかを示す値(閏年でない=0)。
M	3文字のテキストで表される月(Mar、Febなど)。
N	ISO-8601形式の、曜日の数値表現
O	グリニッジ標準時(GMT)との時差。
P	時間と分をコロンで区切ったグリニッジ標準時(GMT)との時差。
S	英語形式の序数を表す2文字のサフィックス(3rdの場合のrdなど)。
T	タイムゾーンの略称。
U	エポック(1970年1月1日0時0分0秒)からの秒数。
W	ISO-8601月曜日に始まる年単位の週番号
Y	4桁の数字による年の値。
Z	タイムゾーンのオフセット秒数。
a	午前または午後(小文字のam/pm)
c	ISO 8601日付。
d	2桁の数字で日の値(1～9の場合は1桁目に0が付く)。
e	タイムゾーン識別子。
g	12時間単位の時の値(1～12)。
h	12時間単位の時の値(01～12)。
i	分。先頭にゼロをつける。
j	日の値。
l	完全な英語による曜日(Sunday、Wednesdayなど)。
m	2桁の数字で月の値(1～9の場合は1桁目に0が付く)
n	月の値。

書式文字	説明
o	ISO-8601形式の週番号による年。
r	RFC 2822で書式化された日付。
s	2桁の秒の値。
t	指定した月の日数。
u	マイクロ秒。date()の場合は常に000000。
v	ミリ秒。date()の場合は常に000（PHP 7以降）。
w	曜日を表す数値。
y	2桁の数字による年の値。
z	年間の通算日（1/1はゼロ）。

たとえば、次のように書式を指定して date() を呼び出します。

```
$now = date("Y-m-d H:i:s");
```

これで日付時刻の文字列が返されます。

次のようにすると、対話シェルで現在時刻を表示することができます。

```
php > $now = date("Y-m-d H:i:s");
php >
php > printf("Now = %s¥n", $now);
Now = 2021-03-03 16:54:04
```

取得した日付時刻のうち、年の値だけを取り出したいときには次のようにします。

```
$year = date("Y");
```

マイクロ秒単位の時刻が必要なときには、DateTime をマイクロ秒付きで作成して使います。

6.2 関数の定義

ここでは独自の関数を定義する方法を説明します。

◆関数の定義

関数の定義には function キーワードを使います。関数の書式は次の通りです。

```
function name( [args] ) {
    statement;
    return retvalue;
}
```

name は関数の名前、*args* は関数の引数、*statement* はその関数で実行する文、*retvalue* は関数の戻り値です。引数と戻り値は省略することができます。また、引数と戻り値は ,（カンマ）で区切って複数記述することができます。値を返さない関数を作成することもでき、その場合は return を省略できます。

名前のない関数（無名関数）を作って呼び出すこともできます。無名関数については次節で説明します。

関数の内部で最初に使われた変数はローカル変数となり、その関数の中だけで有効です。

次の例は、引数の値を 2 倍にして返す関数 twice() を定義する例です。

```
function twice($n) {
    return 2 * $n;
}
```

n はこの関数の引数です。この関数の戻り値は「2 * $n」で、このように return 文に続いて式を記述することもできます。

この関数を使うコードを実行するときには、最初に関数を定義して、それから関数を呼び出します。

```
function twice($n) {
    return 2 * $n;
}

$x = 12;
printf("%dの2倍=%d¥n", $x, twice($x));
```

このコードを対話シェルで実行する例を次に示します。

```
php > function twice($n) {
php {     return 2 * $n;
php { }
php >
php > $x = 12;
php > printf("%d*2 = %d¥n", $x, twice($x));
12*2 = 24
```

一度定義した関数を再定義することはできません。

◆ 複数の値を返す関数

戻り値を配列にすることで、複数の値を返す関数を定義できます。

次の例は、関数の引数として円の半径を受け取り、円の面積と円周を含む配列を返す関数の例です。

```
// 面積と円周を返す関数
function circle($r) {
    $area = $r * $r * 3.14;
```

```
    $circ = 2 * pi() * $r;
    return array($area, $circ);
}
```

上の例では、面積を計算するときには数値リテラル3.14を使って、円周を計算するときにはpi()を使ってみました（単に関数の使い方の一例を示したにすぎません）。

関数から返された値は、配列なので必要に応じて要素を取り出して使います。

```
$v = circle(5.0);
printf("面積=%g 円周=%g¥n", $v[0], $v[1]);
```

このコードを対話シェルで実行する例を次に示します。

```
php > // 面積と円周を返す関数
php > function circle($r) {
php {     $area = $r * $r * 3.14;
php {     $circ = 2 * pi() * $r;
php {     return array($area, $circ);
php { }
php > $v = circle(5.0);
php > printf("Area = %g Circumference = %g¥n", $v[0], $v[1]);
Area = 78.5 Circumference = 31.4159
```

このプログラムを実行できるようにしたPHPスクリプトファイルの例を次に示します。

リスト 6.4 ● circex.php

```
<?php
// 面積と円周を返す関数
function circle($r) {
    $area = $r * $r * 3.14;
    $circ = 2 * pi() * $r;
    return array($area, $circ);
}
```

```
printf("半径を入力してください:");
$r0 = (float)trim(fgets(STDIN));

$v = circle($r0);
printf("半径%fの面積は%f¥n", $r0, $v[0]);
printf("半径%fの円周は%f¥n", $r0, $v[1]);
```

◆ デフォルト引数値

引数の指定を省略したときに自動的にその引数の値として渡されるデフォルト引数値を関数の定義の際に指定することができます。

```
function name( args = defaultValue ) {
    statement;
    return retvalue;
}
```

次の例は、引数のデフォルト値として "Everyone" を指定する例です（この関数は値を返さないので return 文はありません)。

```
function hello( $name = "Everyone" ) {
    printf ("Hello, %s¥n", $name);
}
```

この関数を使ったコードを対話シェルで実行する例を次に示します。単に引数を省略して hello() を呼び出すと「Hello, Everyone」と出力され、引数に "Tommy" を指定して hello("Tommy") のように呼び出すと「Hello, Tommy」と出力されます。

```
php > function hello( $name = "Everyone" ) {
php {     printf ("Hello, %s¥n", $name);
php { }
```

```
php > hello();
Hello, Everyone
php > hello("Tommy");
Hello, Tommy
```

◆ 可変長引数リスト ◆

任意の個数の引数を指定できる関数があります。このような関数の引数を可変長引数リストといいます。

関数を定義するときに、引数の名前の前に ... を指定すると、関数の引数を可変長引数にすることができます。 可変長引数は、それを受け取った関数の中では配列として扱います。

```
function name(...args ) {
    statement;
    return retvalue;
}
```

次の例は、可変長の引数を受け取り、その値のリストを出力する関数の例です。

```
function displist (...$names ) {
    foreach ($names as $name) {
        printf("%s¥n", $name);
    }
}
```

この関数を含むコードを対話シェルで実行する例を次に示します。

```
php > function displist (...$names ) {
php {     foreach ($names as $name) {
php {         printf("%s¥n", $name);
php {     }
```

```
php { }
php > displist("Apple", "Grape", "Lemon", "Kiwi");
Apple
Grape
Lemon
Kiwi
```

◆値渡しと参照渡し

関数の引数への渡し方には、値そのものを渡す値渡しと、値のアドレスを渡す参照渡しがあります。

値渡しの場合は、関数には値が渡されます。そのため、関数内で値が変更されても、呼び出し側には何の影響もありません。

```
php > function byVal($a) {  // byVal() - 値渡しの関数
php {     return ++$a;
php { }
php >
php > // 値渡しの呼び出し
php > $n = 1;
php > byVal($n)
php > printf("n=%d¥n", $n)    // n=1のまま
```

一方、参照渡しでは、値のアドレスが渡されるので、アドレスの場所の値が変更されると、呼び出し側に戻ったときにはその値が変更されています。引数を参照で渡すときには引数の前に & を付けます。

```
function byRef( &$a) {  // 参照渡しの関数
    return ++$a;
}
```

この関数を含むコードを対話シェルで実行する例を次に示します。

```
php > function byRef( &$a) {  // 参照渡しの関数
php {     return ++$a;
php { }
php > $n = 1;
php > byRef($n);              // 参照渡しの呼び出し
php > printf("n=%d¥n", $n)   // n=2になる
```

◆ 関数と変数

変数の有効範囲は、原則として、その変数が最初に使われた以降です。ただし、関数の内部で最初に使われた変数はローカル変数となり、その関数の中だけで有効です。

```
function swap( &$x, &$y ) {
    $t = $x;                  // このtの値は関数外では無効
    $x = $y;
    $y = $t;
}

$t = 88;
$a = 10;
$b = 2;
printf('$a=%d $b=%d $t=%d', $a, $b, $t);    // t=88
swap($a, $b);
printf('$a=%d $b=%d $t=%d', $a, $b, $t);    // t=88で変わらない
```

6.3 さまざまな関数

ここでは、可変関数と無名関数について説明します。これらの機能はより高度なテクニックを使うときに役立ちます。

◆ 変数関数

変数関数（variable functions、PHP の日本語ドキュメントでは可変関数と訳しています）は、関数の名前を変数に保存して関数を呼び出す方法です。

たとえば、hello() という関数を定義するとします。

```
function hello() {
    print "hello";
}
```

この関数の名前を例えば func という名前の変数に保存して呼び出すことができます。

```
$func = 'hello';
$func();
```

これらのコードを対話シェルで実行すると次のようになります。

```
php > function hello() {
php {     print "hello";
php { }
php > $func = 'hello';
php > $func();
hello
```

引数を伴ったり、戻り値を返しても構いません。

```
function twice( $n )
{
    return $n * 2;
}

$func = 'twice';
$x = $func( 12 );
```

◆無名関数

無名関数は文字通り名前のない関数です。関数を呼び出すところでその関数を定義するときに無名関数にすることができます。また、関数の定義を変数に保存して呼び出せるようにするときにも無名関数にすることができます。

次の例は hello という変数に関数を定義して呼び出す例です。

```
$hello = function($name)    // 無名関数の定義
{
    printf("Hello %s¥n", $name);
};

$hello("Jonny");
```

◆再帰関数

自分自身を呼び出すことができる関数のことを再帰関数（recursive function）といいます。PHP では再帰関数を定義できます。

再帰関数の例として、n 以下の正の整数の総和（1 + 2 + … + n）を計算する再帰関数を次に示します。

```
function summup($n) {
    if ($n == 0) return 0;
```

```
    return $n + summup ($n-1);
}
```

この関数は、nの値がゼロのときには0を返し、そうでなければn-1を引数として自分自身を呼び出し、その結果にnの値を加算します。

この再帰関数を対話シェルで実行する例を次に示します。

```
php > function summup($n) {
php {     if ($n == 0) return 0;
php {     return $n + summup ($n-1);
php { }
php > print summup(5);
15
```

6.4 モジュールと名前空間

ここでは関数を別のファイルに分けて記述する方法と、名前を修飾する方法を説明します。

◆モジュール

ソースコードを複数に分割して、分割したソースファイルを読み込めるようにすることができます。

例えば、複数のプログラムで使う共通した関数を1つのモジュールにしておくと、そのモジュールを複数のプログラムで読み込んで利用できるようになります。

次の例は、引数の値を加算して返す関数add()を含むPHPのモジュールです。

リスト 6.5 ● mylib.php

```
<?php

function add($a, $b)
{
    return $a + $b;
}

?>
```

この関数 add() を利用するプログラムファイルでは、require または require_once（一度だけ読み込む）で mylib.php を読み込んで利用します。

リスト 6.6 ● main.php

```
<?php

// phpファイルmylib.phpを読み込む
require_once 'mylib.php';

$a = 12;
$b = 23;

echo add($a, $b);
?>
```

◆ 名前空間

名前空間は、定数、関数、クラス、インターフェイスの名前を修飾できるようにします。

たとえば、名前空間 abc に関数 func() を定義すると、その関数は abc¥func() という名前で識別できます。さらに、名前空間 xyz に同じ名前の関数 func() を定義すると、その関数は xyz¥func() という名前で識別できます。こうすることによって別の物に同じ名前を付けることができ、名前の衝突を防ぐことができます。

次の例は、名前空間 mylib を定義して、その名前空間に関数 add() を定義した例です。

リスト 6.7 ● mylibname.php

```
<?php
namespace mylib;

function add($a, $b)
{
    return $a + $b;
}

?>
```

この関数を呼び出すときには名前空間 mylib で修飾した名前で関数 mylib¥add() を呼び出します。

リスト 6.8 ● mainname.php

```
<?php

namespace main;
//phpファイルを読み込む
require_once 'mylibname.php';

use mylib;

$a = 12;
$b = 23;

echo mylib¥add($a, $b);
?>
```

上の例では関数を呼び出すコードにも名前空間 main を指定していますが、これを指定しないとグローバルな名前空間で名前が参照されることになり、警告が出力されます。

ファイルの一部に特定の名前空間名を付けたい場合は、その範囲を波括弧で囲います。

```
namespace abc {
    (abc/xxxで識別されるものを記述する)
}

namespace xyz {
    (xyz/xxxで識別されるものを記述する)
}
```

namespace は、as を使って別名を付けるためにも使うことができます。たとえば、とても長い名前 verylong/long/tolong を、次のようにすることで short で参照できます。

```
namespace verylong/long/tolong as short;
```

練習問題

6.1　入力された英数文字列を3回繰り返した結果を出力するプログラムを文字列処理関数を使って作成してください。

たとえば、「Hello!」と入力したら「Hello! Hello! Hello!」と出力します。

6.2　入力された3つの数の実数の、最大値と最小値を表示するプログラムを作成してください。

6.3　2個の整数の和と差を返す関数を作ってください。

第7章 クラスとオブジェクト

クラスはオブジェクトを作成するときのひな型（テンプレート）です。ここでは、クラスの定義の仕方と使い方を学習します。

7.1 クラスとオブジェクト

オブジェクト指向プログラミングでは、一般にクラスからオブジェクトを作成します。

◆オブジェクト

オブジェクトとは、特定の型（クラス）のインスタンス（具体的なオブジェクト）の1つのことです。

たとえば、Dog（犬）クラスというのは型（種類）の名前であって、Dogクラスのたとえばpochiという特定の犬がインスタンスであり具体的なオブジェクトです。

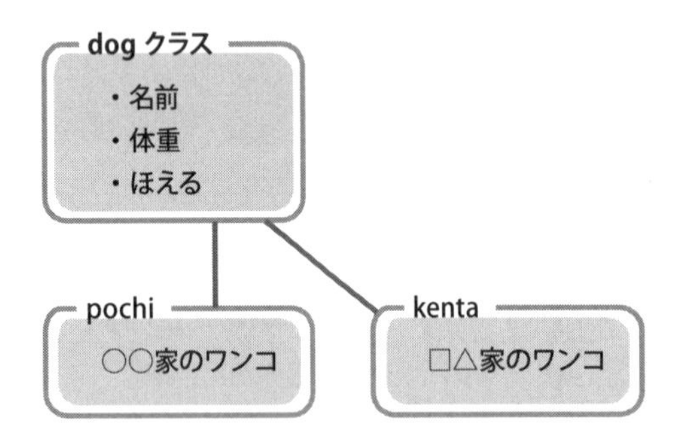

図7.1●クラスとインスタンス

Dogはpochiだけではなく、隣の家のkentaもDogですから、同じクラスのオブジェクト（インスタンス）が複数存在することはなんの不思議もありません。

インスタンスとは、あるクラスの特定のオブジェクトのことです。

Dogクラスには、名前や体重という値があり、これをプロパティ（属性）といいます。

また、Dogクラスには「吠える」という共通の動作があります。このようなクラスの動作や処理を行うものをメソッドといいます（クラスの内部に定義する関数であり、あとで例を示します）。

重要なのは、同じクラスのオブジェクトはそれぞれ同じようなプロパティを持ち同じ動作をするという点です。たとえば、それぞれのDogには、名前があり、体重があって、吠えるという共通の行動をとります。

7.2 クラス

クラスは、オブジェクトのひな形となる定義です。オブジェクトはクラスのインスタンスとして作成しますから、オブジェクトを作成するためにはクラスを定義する必要があります。

◆既存のクラスの例

既存のクラスの例として、時間に関連するクラスを見てみましょう。

時間には関連する多くのクラスがあります。

日付時刻を表すクラスとしてDateTimeクラスがあります。たとえばnewを使って次のようにすると、現在の日付時刻を表すDateTimeオブジェクトを作成することができます（DateTimeクラスのインスタンスともいいます）。

```
$now = new DateTime('now');
```

これで得られる値はDateTimeクラスの値なので、そのままでは時刻として表示できません。DateTimeクラスのメソッドを、->を使ってDateTimeクラスの値の変数にメソッドformat()作用させると文字列が作成されます。

```
$now->format('H:i');
```

format()の引数の中の「H」や「i」の意味は、6.1節「関数」の「日時に関する関数」項の表6.5「date()の書式文字」に示したものと同じです。

このようにして作成した文字列を使って時刻を表示できます。

```
printf("ただいま %s¥n", $now->format('H:i'));
```

時間間隔はDateIntervalというクラスで表されます。DateIntervalというクラスには、長い名前のメソッド createFromDateString() があり、これで文字列から時間間隔の値を作成することができます。次の例は「15 分間」という時間間隔を表すオブジェクトを作成する例です。

```
$interval = DateInterval::createFromDateString('15 minutes');
```

このメソッドにはエイリアス（別名）として機能する、やたら長い名前の関数があります。

```
date_interval_create_from_date_string()
```

たとえば、この関数を使って次のようにすると 15 分後という時間間隔を作成することができます。

```
$interval = date_interval_create_from_date_string('15 minutes');
```

そして、DateTime クラスのメソッド add() を使って、先ほど作った $now という時刻に時間間隔 $interval を加算することができます。

```
$t15 = $now::add($interval)
```

DateTime クラスのメソッド add() は DateTime::add() のエイリアスで、関数 date_add() を呼び出すことで同じことを行うことができます。つまり次のように関数を呼び出すことでも $now という時刻に時間間隔 $interval を加算することができます。

```
$t15 = date_add($now, $interval);
```

これらを利用すると例えば次のようなプログラムを作ることができます。

リスト 7.1 ● 15min.php

```
<?php
// 現在の時刻を作って表示する
$now = new DateTime('now');
printf("ただいま %s¥n", $now->format('H:i'));

// 15分後を作って表示する
$interval = date_interval_create_from_date_string('15 minutes');
$t = new DateTime('now');
$t15 = date_add($t, $interval);
printf("15分後は %s¥n", $t15->format('H:i'));
?>
```

これを実行すると、例えば次のようになります。

```
>php 15min.php
ただいま 17:17
15分後は 17:32
```

◆ 新しいクラスの定義

クラスを定義するときには、キーワード class と名前を使います。次の例は Dog という名前のクラス定義の例です。

```
class Dog
{
    // クラスの内容
}
```

この例では、Dog クラスの内容は何もないので、new を使って実際に Dog クラスのインスタンスである pochi を作成することはできますが、何も起きません。

```
$pochi = new Dog();
```

そこで、name（名前）とweight（体重）というプロパティ（クラス内部に定義する変数）と、bark（吠える）というメソッド（クラスの動作を表す関数）を作成してみましょう。

クラスにプロパティ（変数）を定義するときには、アクセスできる範囲を示すキーワード（ここではクラスの外部からアクセスできるようにpublicにします）と変数名を記述します。

```
class Dog
{
    public $name;
```

PHP 7.4.0以降はプロパティの定義で型を宣言することができます。例えば次のようにします。

```
class Dog
{
    public string $name;
```

クラスにプロパティを定義するときには、値を指定することもできます。

```
class Dog
{
    public $name = 'Pochi';
```

ただし、これではどのDogも同じ'Pochi'というname（名前）になってしまいます。しかし、nameのデフォルト値として"Dog name"などの文字列を設定しておくことは役立つ場合があります。

```
class Dog
{
    public $name = 'Dog name';
```

あるいは、犬の足は4本と決まっているので、legs（足の数）というプロパティを作ってどの犬も4になるようにしても良いでしょう。

```
class Dog
{
    public $name = 'Dog name';
    public int $legs = 4;
```

name と同様に体重（weight）も定義するなら、次のようになります。

```
class Dog
{
    public $name;
    public $weight;
}
```

ただし、これを宣言しただけでは、オブジェクトを作成するときに名前（name）や体重（weight）を指定できません。オブジェクトを作成するときにプロパティを設定できるようにしたいときには、コンストラクタというものを定義します。コンストラクタは、function __construct という名前の関数として定義します。

```
class Dog
{
    public $name;
    public $weight;

    public function __construct(string $n, float $w = 0.0) {
        $this->name = $n;
```

```
        $this->weight = $w;
    }
}
```

上のコンストラクタの定義に示すように、「string $n」や「float $w」のようにコンストラクタの引数には型を指定することができます。また、コンストラクタの第 2 の引数で「$w = 0.0」としてデフォルト値を設定していますが、このようにするとコンストラクタを呼び出すときにこの引数は省略可能となり、これは通常の関数を定義するときと同じです。

さらに「this->」はこのクラスのプロパティであることを明示的に表しています。この「this->」があるために、次のようにプロパティとコンストラクタの引数の名前を同じ名前にすることができます。

```
class Dog
{
    public $name;
    public $weight;

    public function __construct(string $name, float $weight = 0.0) {
        $this->name = $name;
        $this->weight = $weight;
    }
}
```

このようにすることで、このクラスの name（$this->name）とコンストラクタの引数の name（$name）を同じ名前にしながら明確に識別することができます。

これで、次のコードを実行して Dog のインスタンスを作成することができます。

```
$pochi = new Dog('Pochi', 32.0 );
```

これで pochi が作成されて、name が 'Pochi' に、weight が 32 になります。

オブジェクトのプロパティの値にアクセスするときには -> を使います。

```
print $pochi->name;     // 名前を出力する
print $pochi->weight;   // 体重を出力する
```

ここまでのところを対話シェルで実行すると次のようになります。

```
php > class Dog
php > {
php {     public $name;
php {     public $weight;
php {
php {     public function __construct(string $n, float $w = 0.0) {
php {         $this->name = $n;
php {         $this->weight = $w;
php {     }
php { }
php > $pochi = new Dog('Pochi', 32.0 );
php > print $pochi->name;
Pochi
php > print $pochi->weight;
32
```

次に、このクラスの中に bark（吠える）というメソッド（クラスの内部に定義する関数）を作りましょう。

クラスにメソッドを定義する方法は基本的に関数を定義するのと同じです。

次の例は、Dog クラスの中に bark という名前のメソッドを定義する例です。

```
class Dog
{
    function bark()
    {
        print ('Wanwan');
    }
}
```

Dog クラス全体は次のようになります。

```
class Dog
{
    public $name;
    public $weight;

    public function __construct(string $name, float $weight = 0.0) {
        $this->name = $name;
        $this->weight = $weight;
    }
    function bark()
    {
        print ('Wanwan');
    }
}
```

この Dog クラスのインスタンスとして pochi を作成し、メソッド bark() を呼び出す例を次に示します。

```
php > $pochi= new Dog('Pochi', 32.0);
php > $pochi->bark();
Wanwan
```

7.3 継承

PHPのクラスは、他の既存のクラスから派生することができます。派生したクラスは、元のクラスを継承します。継承とは、あるクラスから派生したクラスが、もとのクラスが持つプロパティやメソッドを引き継ぐということです。

◆ベースクラスとサブクラス

簡単な例をあげて説明しましょう。「4本足の動物」をAnimal（動物）クラスとして定義します。このAnimalクラスは、4本足（legs=4）で名前（name）と体重（weight）があり、歩く（walk）ことができるということだけはわかっていますが、どんな種類の動物であるかという点が未確定の、定義がややあいまいなクラスです。

プログラムの中でより具体的な「犬」というオブジェクトを使いたいときには、Animalクラスから派生したDogクラスを定義します。Dogクラスは、Animalクラスの持つあらゆる特性（4本足、名前がある、体重がある）や動作（歩くなど）をすべて備えているうえに、さらに「犬」として機能する特性（尻尾が1本ある）や動作（ワンと吠える）を備えています。つまり、Dogクラスは、より一般的なAnimalクラスの持つ特性や動作を継承しているといえます。

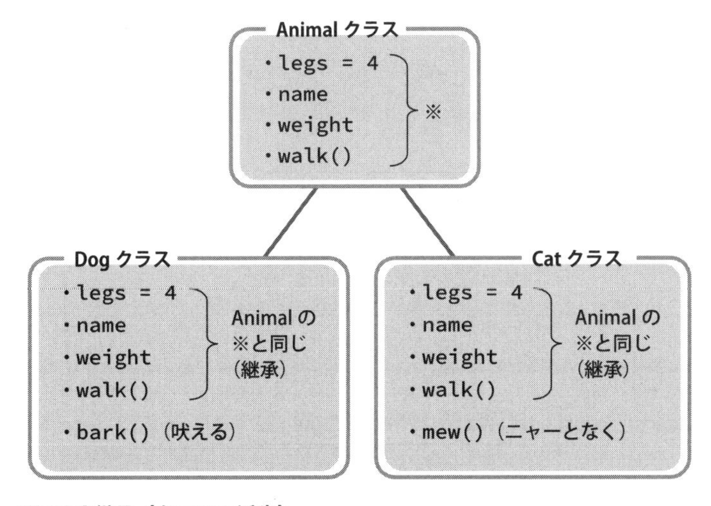

図7.2●継承（クラスの派生）

あるクラスを継承して別のクラスを宣言するときに、継承元のクラスとして使われるクラスをベースクラスといい、継承して作成した新しいクラスをサブクラスといいます。

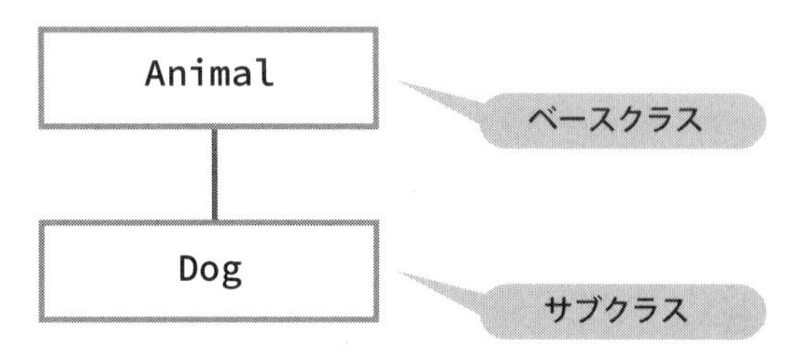

図7.3●ベースクラスとサブクラス

ベースクラスは、基本クラス、スーパークラス、親クラスあるいは上位クラス、派生もとのクラスなどと呼ばれることがあります。

サブクラスは、派生したクラス、子クラスあるいは下位クラス、継承したクラスなどと呼ばれることがあります。

ベースクラスは1つだけ指定できます。PHPでは、複数のベースクラスを継承する多重継承を行うことはできません。クラスが継承できるベースクラスは1つだけです。

◆ベースクラスの定義

ここで、Dogクラスと Catクラスを定義して使うことを考えてみましょう。

個々のクラスをまったく別々に定義することもできますが、最初にAnimalクラスを定義して、それを継承するサブクラスDogクラスと Catクラスを定義すると、Animalクラスに共通することはAnimalクラスに記述できるので、コードを整理できます。

そこで、まず、ベースクラスであるAnimalクラスを定義してみましょう。

```
class Animal{
    public $legs = 4;
    public function __construct(string $name, float $weight)
    {
        $this->name = $name;
```

```
        $this->weight = $weight;
    }
    function walk()
    {
        print('walk...');
    }
}
```

ベースクラスを定義するときに、書式上、特別なことは何もありません（これまでに説明したクラスの定義の方法と同じです）。

◆サブクラスの定義

次に、サブクラスであるDogクラスを定義してみましょう。サブクラスを定義するときには、定義するクラス名のあとにキーワードextendsと継承するクラス名を続けて次のように定義します。

```
class Dog extends Animal
{
    public function __construct(string $name, float $weight)
    {
        parent::__construct($name, $weight);
    }
    function bark()
    {
        print('Wanwan');
    }
}
```

ここで、parentというワードを使っていることに注目してください。parentは文字通り親クラス（ベースクラス）を意味し、この場合、Dogクラスの初期化関数__construct()でベースクラスの__construct()を呼び出しています。そして、さらにbark()（吠える）というメソッドを追加しています。

このクラス定義を使ってインスタンスpochiを作って使ってみます。

```
php > $pochi= new Dog('Pochi', 32.0);
php > $pochi->bark();
Wanwan
php > print $pochi->legs;
4
```

Cat クラスはDog クラスと同じように定義できます。ただし、泣き声だけは「Nyao,Nyao」に変えます。

```
class Cat extends Animal
{
    public function __construct(string $name, float $weight)
    {
        parent::__construct($name, $weight);
    }
    function bark()
    {
        print(' Nyao,Nyao');
    }
}
```

Animal、Dog、Cat クラスをまとめると、次のようになります。

```
class Animal{
    public $legs = 4;
    public function __construct(string $name, float $weight)
    {
        $this->name = $name;
        $this->weight = $weight;
    }
    function walk()
    {
        print('walk...');
    }
}
```

```
class Dog extends Animal
{
    public function __construct(string $name, float $weight)
    {
        parent::__construct($name, $weight);
    }
    function bark()
    {
        print('Wanwan');
    }
}

class Cat extends Animal
{
    public function __construct(string $name, float $weight)
    {
        parent::__construct($name, $weight);
    }
    function bark()
    {
        print(' Nyao,Nyao');
    }
}
```

7.4 インターフェイス

インターフェイスとは、実装(実行されるコード)がないクラスということができます。

◆インターフェイス

インターフェイスとは、インターフェイスを介してインターフェイスと一致する複数の異なるメソッドを同じ方法で呼び出せるようにするものです。言い換えると、複数の同じ名前の関数を一貫して利用できるようにするための窓口になるものともいえます。インターフェイスそのものにはメソッドで実行されるコードを定義することはできず、単にメソッドのシグネチャ（名前と引数）だけを定義できます（この点がスーパークラスの定義と大きく異なります)。

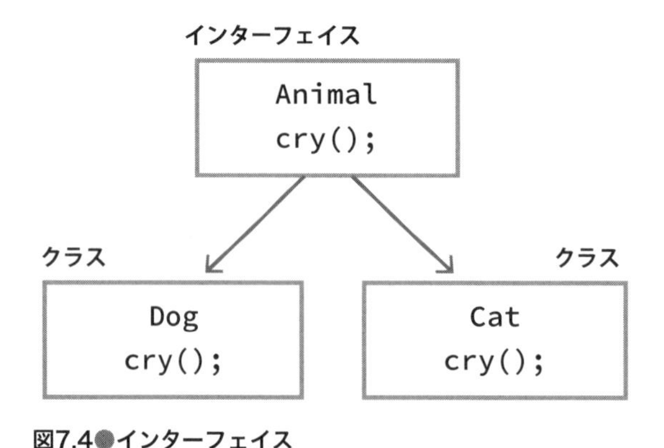

図7.4●インターフェイス

インターフェイスを利用すると、犬と猫を「動物」というカテゴリにまとめて、犬猫の区別なく鳴かせることができます（あとで例を示します)。

◆インターフェイスの定義と利用

インターフェイスは、インターフェイスの名前とメソッドの宣言、および定数を定義します。インターフェイスのメソッドには実行するプログラムコードは記述しません。

```
interface name {
    public function name (args, ...)
    ⋮
}
```

ここで、*name* はメソッドの名前、*args* は引数です。

ここでは、Animal という名前の動物のインターフェイスを定義します。このインターフェイスは、吠える（鳴く）という機能を備えるべき cry() というメソッドを持つものとします。

```
interface Animal  {
    public function cry();
}
```

インターフェイスの役割は、実装すべきメソッドを指定することです。この場合、Animal というインターフェイスを実装するクラスは、必ず cry() を実装しなければならないということを定義します。

インターフェイスを実装するクラスはキーワード implements を使って次のような書式で定義します。

```
class name implements interfacename {
    // メソッド
    public function funcname() {
        （実行するコード）；
    }
}
```

ここでは Animal というインターフェイスを実装する、犬と猫のクラスを定義します。

犬のクラスには「わんわん」と吠えるメソッドを実装します。

```
// Dog - 犬のクラス
class Dog implements Animal {
    // Cry - 犬が吠える
    public function cry() {
        print("わんわん¥n");
    }
}
```

猫のクラスには「にゃーご」と鳴くメソッドを実装します。

```
// Cat - 猫のクラス
class Cat implements Animal {
    // Cry - 猫が鳴く
    public function cry() {
        print("にゃーご¥n");
    }
}
```

このように定義したクラスから、実際に犬や猫のオブジェクトを作成して鳴かせてみましょう。その方法は、これまでに示したクラスのオブジェクトを作るのと同じです。

```
// 犬と猫を作る
$dog= new Dog();
$cat= new Cat();

// 犬と猫が鳴く
$dog->cry();
$cat->cry();
```

また、これらの犬と猫のオブジェクトは、動物という種類のものとしてまとめて扱うことができます。例えば、次のように配列に犬と猫を保存して、foreachで同じようにして鳴かせることができます。

```
// 犬と猫の配列を作る
$animals = array ($dog, $cat);
// 犬と猫が鳴く
foreach ($animals as $a) {
    $a->cry();
}
```

インターフェイスを使うと、上に示したように「$a->cry();」という形式で犬猫の区別なく鳴かせることができる点に注目してください。

動物が「鳴く」(あるいは吠える) というインターフェイスを定義して利用するプログラムは全体で次のようになります。

リスト 7.2 ● animal.php

```
// Animal - 動物のインターフェイス
interface Animal  {
    public function cry();
}

// Dog - 犬のクラス
class Dog implements Animal {
    // Cry - 犬が吠える
    public function cry() {
        print("わんわん¥n");
    }
}

// Cat - 猫のクラス
class Cat implements Animal {
    // Cry - 猫が鳴く
    public function cry() {
        print("にゃーご¥n");
    }
}

// 犬と猫を作る
$dog= new Dog();
```

```
$cat= new Cat();

// 犬と猫が鳴く
$dog->cry();
$cat->cry();

// 犬と猫の配列を作る
$animals = array ($dog, $cat);
// 犬と猫が鳴く
foreach ($animals as $a) {
    $a->cry();
}
```

ベースクラスを定義することと、インターフェイスを定義することは、まったく異なります。最大の違いは、ベースクラスはオブジェクトを作ることができるのに対して、インターフェイスはあくまでも取り扱う手段が増えるだけで、インターフェイスのオブジェクトというものは作れません。どちらの方法をとるのかということは、そのプログラムの機能や目的によって決まります。

■練習問題■

7.1　幅と高さで形を表現するRect（四角形）クラスを定義してください。

7.2　幅と高さで形を表現するRect（四角形）クラスに、そのオブジェクトの形状を出力する関数print()を追加してください。

7.3　幅と高さで形を表現するRect（四角形）クラスから派生した、Square（正方形）クラスを定義してください。

Webサーバーと HTML

PHP のスクリプトは、HTML で記述する Web ページの中に埋め込むことができます。このプログラムは Web サーバーで実行されます。ここでは PHP のスクリプトを HTML に埋め込んで Web サーバーで実行するために必要な基本的なことを説明します。

8.1 ホームページの仕組み

Web サーバーは、いわゆるインターネットのホームページ（Web ページ）として表示される情報を提供するシステムです。

◆ Web サーバーとクライアント ◆

Mozilla Firefox、Google Chrome、Microsoft Edge、Apple Safari のような Web ブラウザやさまざまなインターネット対応の多くのアプリをまとめて Web クライアントまたは単にクライアントと呼びます。

Web サーバーは、Web クライアントから情報をリクエストされると、リクエストされた情報を Web クライアントに送り、Web クライアントは送られてきた情報を表示します。

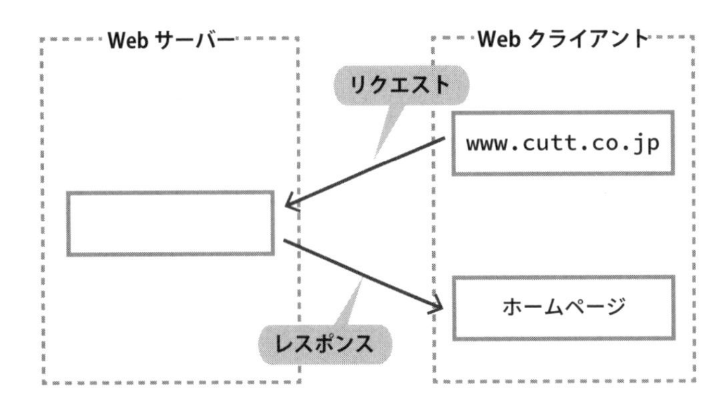

図8.1●WebサーバーとWebクライアント

たとえば、Web ブラウザで特定のアドレスにあるテキストファイルを表示するようにアドレスバーにアドレスを入力すると、Web ブラウザから Web サーバーにリクエストが送られ、Web サーバーは Web ブラウザにテキストを返します。Web ブラウザは送られてきたテキストを Web ブラウザの中に表示します。

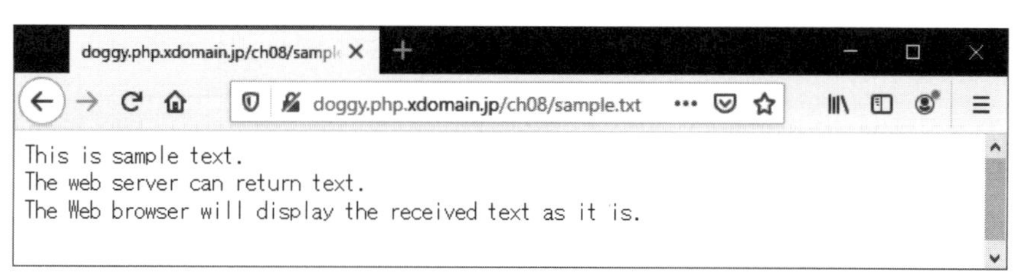

図8.2●Webブラウザでのテキストの表示

このときWebサーバーから送られるのは単なるテキスト情報だけなので、たとえば、表示する内容を適切にレイアウトしたり、ページの中でリンクをクリックして別の情報を表示することはできません。また、日本語などASCII以外の文字を使っている場合はいわゆる文字化けが発生することがあります。

これらの問題を解決できるのがHTML（HyperText Markup Language）です。HTMLはさまざまな表現やリンク、画像などを含む表現力豊かなWebページを記述するためのマークアップ言語と呼ばれる一種の言語です。このような言語は、何らかの動作や処理を行うようにプログラムを作成できるプログラミング言語ではなく、情報をありのままに表現するものなので記述言語といいます。

HTMLに追加してHTMLで記述するWebページの要素の配置や見栄えなどを指定するための言語としてCSS（Cascading Style Sheets）というものがあります。このHTMLとCSSを活用して見栄えの良いWebページを作成することができますが、そのようなWebページは動きがなく（静的であって）、何らかの動作や処理を行うことはできません。

例えば、あるWebページを表示した瞬間の時刻を表示するというような、その時に応じて適切な情報を表示したいときには、HTMLに加えてプログラミング言語を利用したプログラムを書いて実行する必要があります。プログラムは、必要に応じてWebブラウザまたは（および）Webサーバーで実行します。

Webブラウザで実行される代表的なプログラミング言語はJavaScriptです。そして、Webサーバーで実行される代表的なプログラミング言語はPHPです。

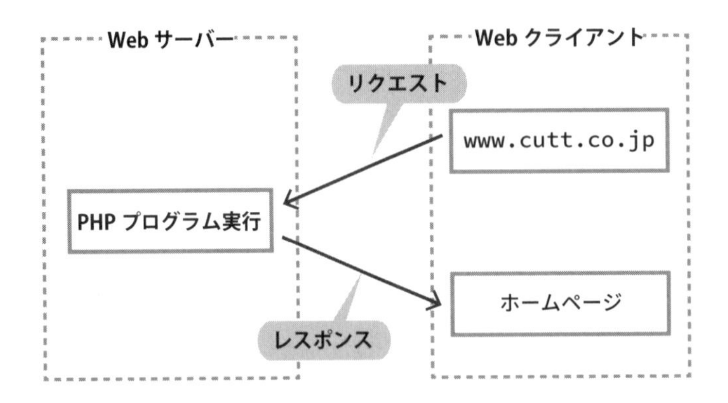

図8.3●PHPプログラムの実行

一般的な Web サイトでは、Web サーバーで実行したいことは PHP で、Web ブラウザで実行したいことは JavaScript で書くという方法がよくとられます。たとえば、フォームに必要な情報が入力されているかどうかは Web ブラウザの JavaScript プログラムでチェックし、情報を Web サーバーに送ったら、PHP で Web サーバーのデータベースに保存するというように役割ごとに使い分けます。そのため、実践的な応用では多くの場合に JavaScript も必要になりますが、本書では JavaScript については説明しません。

◆ HTML と PHP

PHP で作成したスクリプトファイルを PHP に対応した Web サーバーに置いて、Web ブラウザなどでそれを表示することで、PHP のプログラムを実行することができます。ただし、その方法では（PHP のプログラムに HTML のタグなどを埋め込まない限り）Web サーバーから返されるのは単純なテキストだけです。そのため、Web サーバーにあるテキストファイルを表示したときと同様に、表示する内容を適切にレイアウトしたり、リンクをクリックして別の情報を表示することはできず、日本語はいわゆる文字化けすることがあります。また、改行も適切に行われません。

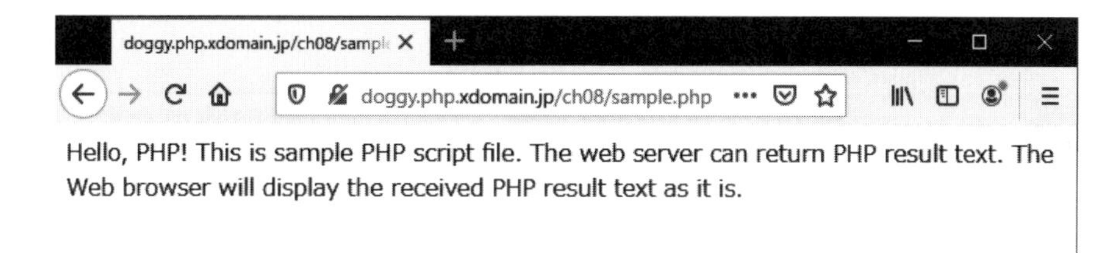

図8.4●PHPスクリプトファイルの実行結果を表示した例

これらの問題は、HTML で記述する Web ページの中に、PHP のプログラム(スクリプト)を埋め込むことで解決できます。そして、これを実現するためには、HTML の知識が必要になります(8.3 節「HTML」参照)。

8.2 Web サーバー

この章で説明することを実現するためには、Web ページの中に埋め込んだ PHP のプログラムを実行できる Web サーバーを準備する必要があります。

◆ Web サーバーについて ◆

HTML に埋め込んだ PHP プログラムは、Web サーバーで実行されます。そのため、このような PHP プログラムを実行するためには、PHP に対応した Web サーバーが必要になります。

Web サーバーは、たとえば、Web ブラウザの上部にあるアドレスバーに「`http://doggy.php.xdomain.jp`」または「`doggy.php.xdomain.jp/ch08/index.html`」などと入力すると、そこにある Web ページが表示されるようにするハードウェアとソフトウェアのセットです。

ハードウェアは、一般的にはいわゆるパソコン(PC)か専用のハードウェアを使います。

ソフトウェアは、正式には HTTP サーバー(HTTP Server)と呼ぶプログラムですが、ソフトウェアの世界では慣例として Web サーバーといえば HTTP サーバーのことを指します。

HTTP はネットワーク上で Web ブラウザのような Web クライアントが Web サーバーと通信する際に主に使う通信プロトコル（決まり事）の 1 つです。

HTML に PHP スクリプトを埋め込んだ HTML ページを表示するためには、ソフトウェアとしての Web サーバーをインストールしたシステムが必要になります。

ソフトウェアとしての Web サーバーとして代表的なものは、Apache と IIS（Internet Information Services）です。Apache は、世界で最も人気のある Web サーバーなので、一般的には Apache を使うとよいでしょう。Windows では IIS があらかじめインストールされている場合があります。

PHP のプログラミングを学習するうえで使うことができる具体的な Web サーバーシステムの形態としては、ローカルサーバー、レンタルサーバー、自前の公開サーバーなどがあります。

◆ローカルサーバー

PC を用意して、Apache や IIS などを起動して Web サーバーとして機能するようにしておきます。そして、その同じ PC でアドレスを「`localhost`」とすることでアクセスして PHP スクリプトを実行して Web ブラウザに表示します。あるいは LAN で接続したマシンから Web サーバーのアドレスを指定してアクセスします。

PHP の学習や、公開するサイトを準備するときのテスト環境として、他に理由がなければベストの方法です。本書の第 9 章以降は原則としてこの方法を前提に説明を進めます。

◆レンタルサーバー

あらかじめ用意されている Web サーバーを借りるという方法もあります。

レンタルサーバーには有料のものと無料のものがあり、その多くは自分のドメインを設定することもできます。ただし、レンタルサーバーの中には PHP を使用できるものとできないものがあります。また、PHPを利用できる場合でも、PHPのバージョンを限定している場合があります。

PHPが利用できる無料のサーバーにはたとえば、XFREEがあります。

◆ 自前の公開サーバー

常時インターネットに接続しておくPCとドメインを用意して、Webサーバーを公開します。この方法ならば、誰でもどこからでもアクセスできるうえに、将来本書の範囲を超えてやりたいことがあったときに、制約なしで何でもできます。ただし、公開するWebサーバーを用意して運用することはかなりの手間暇がかかります。少なくとも常に運用状況を監視できる体制にしておかないと、予期しない重大な事態が発生する可能性があります。そのため、本書の対象読者のような初心者にはお勧めしません。

◆ ビルトインサーバー

PHPには、公開するサイトに使う目的ではなく、作成中のサイトのテストなどに使うことを目的としたビルトインWebサーバーが組み込まれています。

このビルトインサーバーはPHP 5.4.0以降で使うことができます。使い方はこの章の最後で説明します。

8.3 HTML

HTMLで記述するWebページの中に埋め込んだPHPのプログラム（スクリプト）をWebサーバーで実行するためには、HTMLの知識が必要になります。そこでここではPHPのプログラムを埋め込むということに焦点を当てて、HTMLに関して必要不可欠なことを説明します。

◆タグ

HTML はさまざまな要素から構成されていますが、基本的な要素は「タグ」とその内容です。

タグは、開始タグと終了タグで構成され、その中に要素の内容が含まれます。開始タグは < とタグを表す文字または文字列（あとで例を示します）そして > を書きます（さらにプロパティも書くことができます)。

終了タグは、</ とタグを表す文字または文字列に続けて > を書きます

たとえば､「こんにちは」と表示するときには、パラグラフ (Paragraph) 要素 (<p> タグ) として記述します。

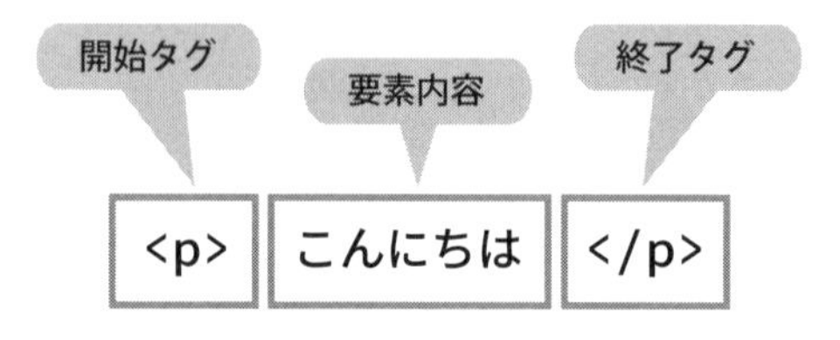

図8.5●HTMLの要素

最小の HTML ページは <p> こんにちは </p> だけでも作ることができます。

```
<p>こんにちは</p>
```

これをたとえば minhtml.html というファイル名で保存すると、Web ブラウザに「こんにちは」と表示することができます（タグ <p> は </p> までが段落であると解釈されますが、<p> や </p> そのものは Web ブラウザには表示はされません)。

しかし、普通はルート要素として <html> を、その中の要素として <body> を書いてから <p> タグを書きます。

```
<html>
  <body>
    <p>こんにちは</p>
  </body>
</html>
```

<body> ～ </body> は HTML 文書の本体（Body）です。一般的には、さらにヘッダー（Header）という部分を <head> タグに書きます。ヘッダーには、たとえばその Web ページのタイトルを <title> タグで書きます。

```
<html>
  <head>
    <title>こんにちは、PHP</title>
  </head>
  <body>
    <h1>PHPをマスターしよう</h1>
  </body>
</html>
```

このように、<html> 要素の中に <head> と <body> があり、さらにそれぞれの中に情報を書いたものが HTML の最も基本的な構造と考えてください。

開始タグのタグ文字のあとには、プロパティ（属性）としてさまざまな情報を指定できます。たとえば、style という属性に "text-align: center;" を指定すると、表示されるテキストが横方向に中央に配置されるようになります。

```
<p style="text-align: center;">こんにちは</p>
```

ファイル全体は、たとえば、次のようにします。

リスト 8.1 ● center.html

```
</html>
<body>
    <h1>PHPをマスターしよう</h1>
    <p style="text-align: center;">こんにちは</p>
    <p>これからPHPを勉強しましょう。</p>
</body>
</html>
```

さらに、HTML ドキュメントの先頭に文書の種類を示すドキュメントタイプ宣言

（<!DOCTYPE ...>）を追加したり、日本語を文字化けしないで正しく表示するために<meta>タグを追加したり、<html>要素のプロパティをいくつか追加して次のようなHTML文書を作成します。

リスト 8.2 ● hello.html

```
<!DOCTYPE html>
<html xmlns="http://www.w3.org/1999/xhtml" xml:lang="ja" lang="ja">

<head>
    <meta http-equiv="Content-Type" content="text/html; charset=UTF-8" />
    <meta http-equiv="cache-control" content="no-cache" />
    <title>やさしいPHP入門　第8章</title>
</head>

<body>
    <div style="text-align: center;">
        <h1>PHPをマスターしよう</h1>
        <p>こんにちは</p>
        <p>これからPHPを勉強しましょう。</p>
    </div>
</body>

</html>
```

上のHTMLドキュメントの詳細すべてについてこの段階で詳しく知る必要はありません。このようなものを1つの定型として、コピー&ペーストして使えばそれで十分です。

ただし、タグについては理解しておきましょう。

<title>はタグであると説明しましたが、<html>や<head>、<body>、<h1>、<p>、<meta>などもすべてタグといいます。

本書の範囲内で使う基本的なタグの意味は次の通りです（入力フォームで使うタグなどについては第10章で説明します）。

表8.1●タグと意味

タグ	意味
html	内容がHTMLであることを表す。
head	内容がHTMLのヘッダーであることを表す。
meta	ページについてのさまざまな情報（メタ情報）であることを表す。
title	内容がHTMLのタイトルであることを表す。
body	内容がHTMLのボディー（本体）であることを表す。
div	この要素の内容をグループ化する。
h1	内容が第1レベルの見出しであることを表す。
h*n*	内容が第*n*レベルの見出しであることを表す。
p	内容がパラグラフ（段落）であることを表す。
br	改行
hr	水平線

すでに説明したように、要素は、原則的には、開始タグ <*tagname*> と要素内容、そして終了タグ（</*tagname*>）で構成されますが、要素内容がない場合には終了タグを省略することができます。終了タグを省略するときには、
 のように書きます。

HTML タグは原則的に大文字小文字を区別しません。HTML の登場時からしばらくの間、HTML のタグは <HTML> や <HEAD>、<TITLE> や <BODY> などのようにすべて大文字で書くのが普通でした。しかし、タグを小文字で書くことが決まっている XHTML が普及してから、HTML ファイルでもタグを小文字で書くことが慣例になってきています。

さて、作成した hello.html をファイルに保存して、GUI 環境でファイル名をダブルクリックしたり、Web ブラウザで開くと、その場で HTML ファイルの内容を表示できます。

図8.6●Webブラウザで直接表示した例

しかし、これは Web サーバーから送られてきた情報を表示したのではなく、あくまでもローカルシステムのディスクにある Web ブラウザで直接表示した結果です。

◆ファイルの配置

Web サーバーにある HTML ファイルを表示させるには、PHP や HTML のファイルを Web サーバーの既定のディレクトリに保存するか、あるいは、表示したいファイルがあるディレクトリのファイルを表示できるように Web サーバーの設定を変更します。

そのためには、まず、PHP をサポートする Web サーバーをシステムにインストールするか、あるいは PHP をサポートする既存のサーバーを利用するか借りる必要があります。

HTML を保存する Web サーバーの典型的なディレクトリは次の通りです（これとは異なる場合もあり、また設定により変更できます）。

表8.2●HTML/PHPを保存するWebサーバーの典型的なディレクトリ

システム	典型的なディレクトリ
Windows/Apache	`C:¥Apache24¥htdocs`
Windows/IIS	`C:¥inetpub¥wwwroot`
Windows/XAMPP	`C:¥xampp¥htdocs`
Linux/Apache	`/var/www/html`

ローカル Web サーバーを使う場合は、Web サーバーが準備できたら、たとえば作成したファイル `hello.html` を上記のような HTML/PHP を保存する Web サーバーの典型的なディレクトリに保存します。

たとえば、Windows/Apache の場合に C:¥Apache24¥htdocs¥ch08 に hello.html を保存します（実際の保存場所は環境によって異なります）。

次に Web サーバーを起動します。準備した環境に応じて Web サーバーが Apache なら ApacheMonitor や XAMPP Control Panel などで Apache をスタートさせるか、IIS をスタートするか、あるいは Linux でコマンド「sudo systemctl start apache2」を実行するなどして Web サーバーを起動します。

システムによっては、システムの起動時に Web サーバーがスタートするように設定されている場合もあります。

Web サーバーが起動したら、Web ブラウザを起動して、アドレスバーに「localhost/ch08/hello.html」と入力します。次の図に示すように Web サーバー上の HTML ファイルが表示されるはずです。

図8.7●ローカルサーバーでアクセスした例

LAN で接続した別のマシンにファイルを保存した場合は、そのマシンの Web サーバーを起動して、そのマシンのアドレスに続けてディレクトリとファイル名をたとえば「192.168.11.12/ch08/hello.html」とアドレスバーに入力します。

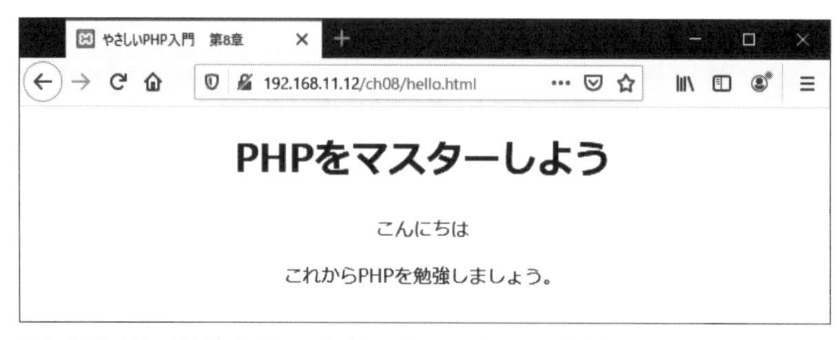

図8.8●LANで接続したリモートサーバーにアクセスした例

レンタルサーバーなど外部の Web サーバーを使う場合は、まず Web サーバーに FTP ソフトウェアなどを使って hello.html をアップロードしてから、次の図に示すようにサーバーのアドレスに続けてファイルの場所を指定します。

図8.9●レンタルサーバーにアクセスした例

PHP ビルトインの Web サーバーを使う場合は、まずビルトインサーバーをコマンドラインから起動します。ビルトインサーバーを起動するには、オプション -S とホスト名、ポート番号を引数に指定して php を実行します。

```
>php -S hostname:portnumber
```

たとえば、ホスト名を localhost、ポート番号を 8080 として次のように実行します。

```
>php -S localhost:8080
[Tue Mar 16 15:59:34 2021] PHP 7.4.15 Development Server (http://localhost:8080)
started
```

これでメッセージの最後に「started」と表示されればサーバーが起動しています（メッセージの詳細はPHPのバージョンによって異なります）。

ビルトインサーバーをファイル名を指定しないで起動した場合、起動したカレントディレクトリがドキュメントのルートになります。つまり、上の例のようにカレントディレクトリが「C:¥EasyPHP」である場合には、アドレスバーに「localhost:8080/ch08/hello/html」と入力すれば、「C:¥EasyPHP¥ch08¥hello¥html」が表示されます。

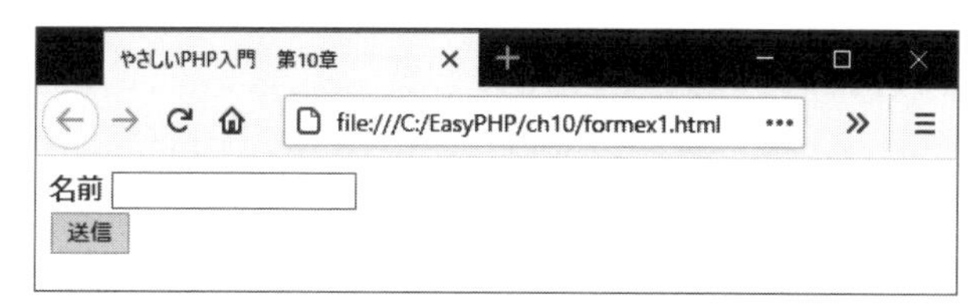

図8.10●PHPのビルトインWebサーバーで表示した例

Webブラウザのアドレスバーに入力したURIリクエストにファイル名が含まれない場合（たとえば単にlocalhostとした場合）は、カレントディレクトリまたは指定したディレクトリにあるindex.phpかindex.htmlがWebブラウザに表示されます。

ビルトインサーバーの起動時にファイルを指定すると、デフォルトでそのファイルが表示されます。たとえば、次のように起動したとします。

```
>php -S localhost:8080 ./ch08/hello.html
```

すると、locahostと入力すると「./ch08/hello.html」が表示されます。

ビルトインサーバーを終了するときは、ビルトインサーバーを起動したコンソール（コマンドプロンプトウィンドウ）でキーボードのCtrlキーを押しながらCキーを押します。

◆スタイル

表示される要素とその親要素にはスタイルを指定することができます。すでに説明しましたが、たとえば、<p>（段落）タグの style 属性に "text-align: center;" を指定すると、このタグの内容は中央揃えにされます。

```
<p style="text-align: center;">
    中央揃えにされるテキスト
</p>
```

スタイルを指定することによって、配置、大きさ、色などさまざまな属性を指定することができ、表現力豊かな Web ページを作成することができます。

スタイルは CSS で記述しますが、本書では CSS についてはこれ以上扱いません。

◆コメントと特殊タグ

HTML 文書にコメント（注釈）を入れることができます。HTML 文書にコメントを入れるときには、<!-- と --> で囲います。

```
<body>
    <!-- この<div>タグの範囲の要素を中央に配置する -->
    <div style="text-align: center;">
        <h1>PHPをマスターしよう</h1>
        <p>こんにちは</p>
        <p>これからPHPを勉強しましょう。</p>
    </div>
</body>
```

このHTMLのコメントは、PHPのコメントとは全く異なるので注意してください。

また、HTML には、<? と ?> で囲う特別なタグがあります。第 9 章で説明するように HTML の中に PHP のスクリプトを埋め込むときには <?php と ?> でスクリプトを囲います。これについては第 9 章で説明します。

Note

HTML と、HTML と共によく使われる CSS について詳しく説明することは本書の範囲を超えます。必要に応じて他のリソースを参照してください。

練習問題

8.1　Web サーバーをインストールしてこの章の `hello.html` を Web サーバー経由で表示してください。

8.2　5 人分の名前と E メールアドレスを表示する HTML を作成してください。

8.3　練習問題 8.2 のファイルを Web サーバー経由で表示してください。

HTMLと
PHPプログラム

ここではWebサーバーで、HTMLページに埋め込んだPHPプログラムや純粋なPHPスクリプトを実行する方法を説明します。

9.1 PHPを含むHTMLファイル

PHPが埋め込まれたWebページを、PHPをサポートするWebサーバーを介して表示することで、埋め込まれたPHPプログラムを実行することができます。

◆ Webサーバーの働き

PHPに対応するWebサーバーは、PHPを含むHTMLファイルに対するリクエストがあると、次のような動作をします。

(1) クライアントからのリクエストを受け取る。
(2) PHPを含むHTMLファイル全体を読み込んで、PHPスクリプトの部分があるとそのコードを実行してその結果をコードの場所に埋め込む。
(3) 作成されたHTMLドキュメントをクライアントに送り返す。

PHPに対応するWebサーバーは、PHPスクリプト以外の部分は単にそのままクライアントに送ります。そのため、たとえばHTMLで記述された部分やプレーンテキストはそのままクライアントに送られて、Webブラウザが表示する方法に従って表示されます。

◆ 単純な例

最初に、単純なPHPスクリプトを埋め込んだHTMLファイルを見てみましょう。

HTMLの中にPHPのスクリプトを埋め込むときには<?phpと?>でスクリプトを囲います。

ここでは「<p>Hello World</p>」という文字列を出力する単純なコードを実行することにします。

```
<?php
print '<p>Hello World</p>';
?>
```

1
2
3
4
5
6
7
8
9
10
11
12
付録

これを簡素化した HTML ファイルに埋め込みます。

リスト 9.1 ● hello.php

```
<html>

<head>
    <title>PHP Chapter 9</title>
</head>

<body>
    <?php
    print '<p>Hello World</p>';
    ?>
</body>

</html>
```

これで、PHP スクリプトを埋め込んだ HTML ファイルの完成です。

◆ ファイルの配置

PHP スクリプトファイルや PHP を埋め込んだ HTML ファイルは、第 8 章で説明した HTML ファイルをサーバーに置いて表示するのと同様に、Web サーバーの特定のディレクトリに保存して Web ブラウザからのリクエストでファイルを表示できるようにします。

先ほど作ったファイル hello.php を Web サーバーに保存して、Web サーバー経由でこのページを表示すると次のように表示されます。

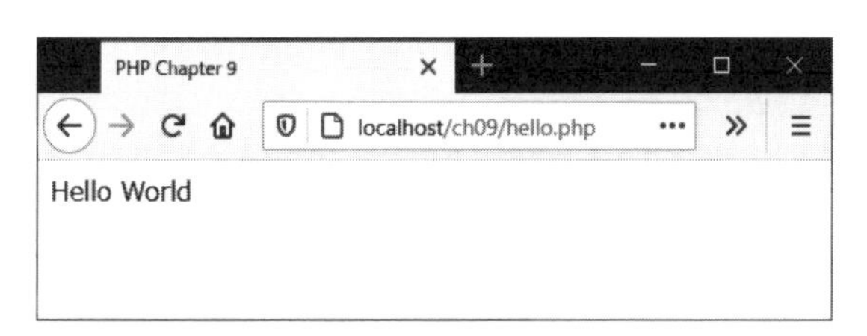

図9.1 ● hello.phpを表示した例

このとき、Web ブラウザに送られてきたソースを見てみると、次のように PHP のコードが実行されて、その結果が HTML のなかに組み込まれていることがわかります。

図9.2●Webブラウザでページのソースを表示した状態

つまり、これは hello.php の中の次の部分が実行され、

```
<?php
print '<p>Hello World</p>';
?>
```

HTML ドキュメントのこのコード部分の実行結果である「<p>Hello World</p>」が出力されたことを意味します。

◆ Web ブラウザ単独の処理

Web サーバーを経由せずに、ファイル hello.php を直接 Web ブラウザに読み込むと、Mozilla Firefox の場合はたとえば次のような表示になります。

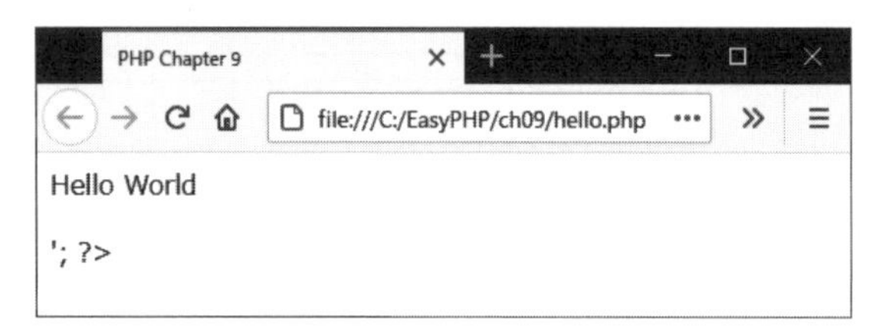

図9.3●PHPスクリプトをWebブラウザFirefoxで表示した例

同じファイルを Microsoft Edge に直接読み込むと、次のような表示になります。

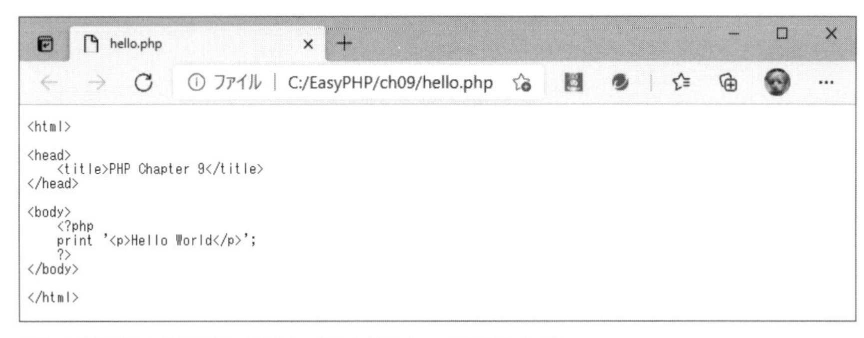

図9.4●PHPスクリプトをWebブラウザEdgeで表示した例

PHP に対応した Web サーバー経由ではなく、Web ブラウザに直接読み込んで表示すると、PHP に対応した Web サーバーで行われるべき処理（PHP スクリプトの実行）が意図したようには行われずに、特定の Web ブラウザに組み込まれた固有の処理が行われます（結果は Web ブラウザの種類によって異なります）。

◆ 日本語に対応させた例

最初の例は単純にするために本来は必要な情報を省略しましたが、第 8 章で説明した日本語に対応するためのタグなどを追加した、より推奨できるファイルの内容は次のようになります。

リスト 9.2 ● hellojp.php

```
<!DOCTYPE html>
<html xmlns="http://www.w3.org/1999/xhtml" xml:lang="ja" lang="ja">

<head>
    <meta http-equiv="Content-Type" content="text/html; charset=UTF-8" />
    <meta http-equiv="cache-control" content="no-cache">
    <title>やさしいPHP入門　第9章</title>
</head>

<body>
```

```
    <?php
    print '<p>こんにちは、PHP</p>';
    ?>
</body>

</html>
```

これを PHP に対応した Web サーバー経由で表示すると、次のように日本語も期待した通りに表示されます。

図9.5●hellojp.phpを表示した例

◆ 関数を呼び出す例

上の例は単に print を使って文字列を出力するだけの単純な例でしたが、もう少し複雑な例を示します。

次の例は、「こんにちは」と「ただいま ～」の形式で時刻を出力する PHP スクリプトの例です（date() については第 6 章で説明しました）。

```
<?php
print '<p>こんにちは、PHP</p>';
$now = date("Y/m/d H:i:s P l");
printf("<p>ただいま %s</p>¥n", $now);
?>
```

これを HTML 形式のファイルの中に埋め込みます。

リスト 9.3 ● hellonow.php

```
<!DOCTYPE html>
<html xmlns="http://www.w3.org/1999/xhtml" xml:lang="ja" lang="ja">

<head>
    <meta http-equiv="Content-Type" content="text/html; charset=UTF-8" />
    <meta http-equiv="cache-control" content="no-cache">
    <title>やさしいPHP入門　第9章</title>
</head>

<body>
    <?php
    print '<p>こんにちは、PHP</p>';
    $now = date("Y/m/d H:i:s");
    printf("<p>ただいま %s</p>¥n", $now);
    ?>
</body>

</html>
```

これを PHP に対応した Web サーバー経由で表示すると、次のように現在の日時が表示されます。

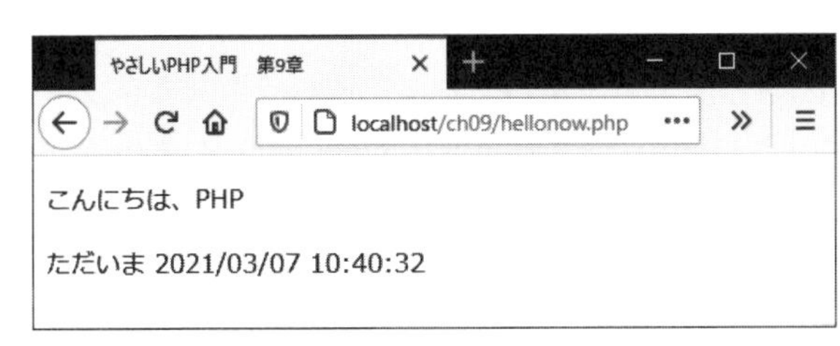

図9.6 ● hellojp.phpを表示した例

PHPスクリプトの部分は次のように1行のコードにしてしまうこともできます。

```
<?php
printf("<p>こんにちは、PHP</p><p>ただいま %s</p>¥n", date('Y/m/d
H:i:s'));
?>
```

しかし、ここでは理解しやすいように3行のコードにしています。

◆Web サーバー v.s. Web ブラウザ ◆

PHPスクリプトはWebサーバーで実行されます。

次のようなPHPスクリプトをHTMLドキュメントの中に埋め込むことでサーバーの日時をWebブラウザに表示できることがわかりました。

```
<?php
print '<p>こんにちは、PHP</p>';
$now = date("Y/m/d H:i:s");
printf("<p>サーバーの時刻は、%s</p>¥n", $now);
?>
```

一方、クライアント側（Webブラウザ）で実行されるプログラム（スクリプト）として代表的なJavaScriptで現在の時刻を表示するプログラムは、たとえば次のようになります。

```
<script language="JavaScript">
    d = new Date();
    document.write("クライアントの日時は、", d.toLocaleString());
</script>
```

JavaScript については、本書では Web ブラウザで実行されるということの他は説明しません。JavaScript を使って上記のようなコードで Web ブラウザに現在の日時が表示できると理解してください。

この JavaScript のコードも HTML ドキュメントの中に埋め込んで次のようなファイルを作ります。

リスト 9.4 ● svsc.php

```
<!DOCTYPE html>
<html xmlns="http://www.w3.org/1999/xhtml" xml:lang="ja" lang="ja">

<head>
    <meta http-equiv="Content-Type" content="text/html; charset=UTF-8" />
    <meta http-equiv="cache-control" content="no-cache">
    <title>やさしいPHP入門　第9章</title>
</head>

<body>
    <!-- Webサーバーの日時 -->
    <?php
    print '<p>こんにちは、PHP</p>';
    $now = date("Y/m/d H:i:s");
    printf("<p>サーバーの時刻は、%s</p>¥n", $now);
    ?>
    <br />

    <!-- クライアント（ブラウザ）の日時 -->
    <p>
        <script language="JavaScript">
            d = new Date();
            document.write("クライアントの日時は、", d.toLocaleString());
        </script>
    </p>

</body>
```

```
</html>
```

このファイルを Web サーバー経由で表示すると、次のようにサーバー側とクライアント側の時刻を表示することができます。

図9.7●svsc.phpを表示した例

この例では 2 つの時刻は同じローカルマシンでほぼ同時に取得しているので日付時刻値は同じですが、たとえば何らかの原因でネットワークの伝達が遅れたり、Web ブラウザでの表示が遅れたりしたら、時刻は違ってきます。

このときの、Web ブラウザに送られてきた HTML ドキュメントは次の通りです。

リスト 9.5 ● Web サーバーから Web ブラウザに送られた HTML ドキュメント

```
<!DOCTYPE html>
<html xmlns="http://www.w3.org/1999/xhtml" xml:lang="ja" lang="ja">

<head>
    <meta http-equiv="Content-Type" content="text/html; charset=UTF-8" />
    <meta http-equiv="cache-control" content="no-cache">
    <title>やさしいPHP入門　第9章</title>
</head>

<body>
    <p>こんにちは、PHP</p><p>サーバーの時刻は、2021/03/07 10:50:04</p>
    <br />

    <p>
```

```
        <script language="JavaScript">
            d = new Date();
            document.write("<p>クライアントの日時は、", d.getDate(), "</p>");
        </script>
    </p>

</body>

</html>
```

PHP プログラムで調べた Web サーバーの時刻は、Web ブラウザに送られてきた HTML ドキュメントの中に数値で埋め込まれていることに注意してください。これは、PHP のプログラムが Web サーバーで実行されたことを示しています。一方、JavaScript のスクリプトは Web ブラウザにこのドキュメントが表示されるときに実行されます。

9.2 サーバー上の PHP スクリプトファイル

HTML 形式のドキュメントに埋め込まなくても、PHP スクリプトのファイルを Web サーバーで実行して、その結果を Web ブラウザで表示することができます。

◆ PHP スクリプトの実行

PHP に対応する Web サーバーは、PHP スクリプトファイルに対するリクエストがあると、次のような動作をします。

1. クライアントからのリクエストを受け取る。
2. PHP スクリプトのコードを実行してその結果を一時的に出力する。
3. 出力されたテキストをクライアントに送り返す。

つまり、純粋な PHP スクリプトを Web クライアントからリクエストすると、PHP に対応するWebサーバーでPHPスクリプトファイルが実行されて、その結果であるプレーンテキストがWebサーバーからクライアントに送り返されます。

1つの例を見てみましょう。次のようなPHPスクリプトのファイルをPHPに対応しているWebサーバーに保存します。

リスト9.6●simple.php

```
<?php
echo 'Hello World';
?>
```

Webブラウザからこのファイルにアクセスすると次のようにスクリプトを実行した結果が表示されます。

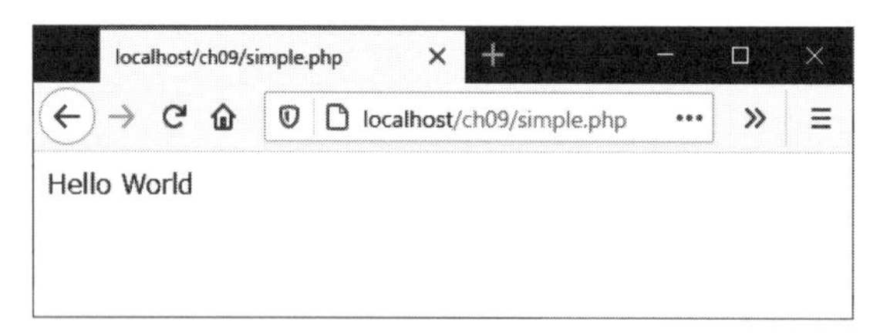

図9.8●simple.phpを表示した例

◆PHPスクリプトの中のHTML◆

HTMLの中にPHPのスクリプトを埋め込むのとは逆に、PHPのスクリプトでHTMLのタグを出力することで情報の表示方法などを指定することができます。

たとえば、次の例はHTMLドキュメントを出力するPHPのスクリプトの例です。

リスト9.7●phphello.php

```
<?php
echo '<html><body>';
echo '<p>Hello World</p>';
echo '</body></html>';
?>
```

Webブラウザからこのファイルにアクセスすると次のようにスクリプトを実行した結果としてHTMLドキュメントが表示されます。

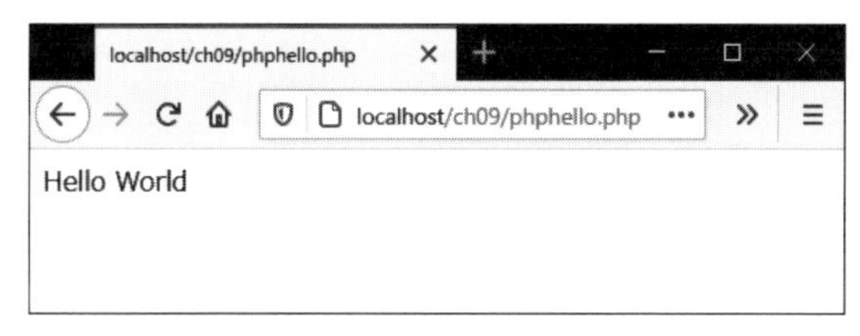

図9.9●phphello.phpを表示した例

このとき、Webサーバーから送られてきたソースをWebブラウザで確認してみると、次のようになっています。

図9.10●phphello.phpを表示したときのページのソース

練習問題

9.1　Web サーバーで 1 ～ 100 までの範囲の 2 つのランダムな数を生成して、それらの数と、それらの数を加算した結果を Web ブラウザに返す PHP ファイルを作成してください。

9.2　ドキュメントが Web サーバーから送られた時刻と、その 15 分後の時間を表示する PHP ファイルを作成してください。

9.3　3 名分の名前と E メールアドレスを表示する PHP スクリプトファイルを作成してください。

第10章 フォームとPHP

この章では、最初にHTMLドキュメントで入力フォームを作成する方法を説明します。そのあとで、フォームの情報をWebサーバーに送って、WebサーバーでPHPプログラムでフォームの情報を扱う方法を説明します。

10.1 フォーム

Web クライアントでユーザーが入力するページは、フォームと呼ぶ要素として HTML の中に作成します。

◆ HTML のフォーム

最初に、きわめて単純なフォームの例を示します。次の図に示すようなページを閲覧しているユーザーは、「名前」の右側のフィールドに氏名を入力して、［送信］ボタンをクリックします。すると、氏名の情報が Web サーバーに送られます。

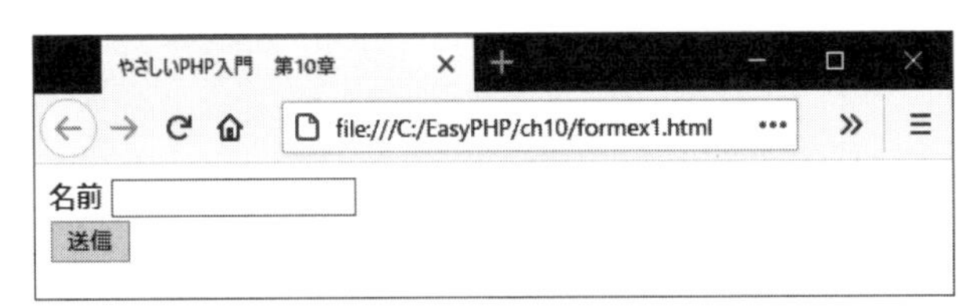

図10.1●最も単純なフォームの例

このような Web ページは、HTML の form 要素として作成します。

```
<html>
<body>
    <form>
        (フォームの内容)
    </form>
</body>
</html>
```

form 要素の属性（プロパティ）として action や method を指定することができます。

action には、このフォームを受け取ったサーバーが実行するべきプログラムの URI を指定します。フォームがあるのと同じディレクトリにフォームを処理する PHP ファイルを置く場合は、この URI には PHP ファイルの名前を指定します。

methodには送信するときの転送方法を指定します。転送方法には「post」と「get」があります。通常、クライアントからサーバーに情報を送信するときにはpostを指定します。getを指定すると、URIにフォームの情報と付加された情報がサーバーに送信されます（10.3節「GETメソッド」で例を示します）。

次の例はフォームのactionに"formex1.php"を指定し、methodに"post"を指定する例です。

```
<html>
<body>
    <form action="formex1.php" method="post">
        (フォームの内容)
    </form>
</body>
</html>
```

これで（フォームの内容）をWebサーバーに送るために必要な準備が整います。

◆ HTMLのinput要素 ◆

フォームの中の入力フィールドや［送信］ボタンのような入力に関連する要素はinput要素として作成します。

input要素には次のような種類があります（Webブラウザの種類によってはサポートされていないものもあります）。

表10.1●input要素の種類

type	種類	例
text	テキストボックス	<input type="text" name="t" value=" テキスト ">
password	パスワード入力欄	<input type="password" name="p" value="">
number	数値入力	<input type="number" name="n" value="5" min="1" max="10">
search	検索用テキスト	<input type="search" name="s1" >
tel	電話番号入力	<input type="tel" name="tel" >
url	URL入力	<input type="url" name="url1" >

type	種類	例
email	メールアドレス入力	<input type="email" name="m" >
date	日付入力	<input type="date" name="date1" >
time	時間入力	<input type="time" name="time1" >
range	レンジ入力	<input type="range" name="r" value="5" min="1" max="10">
color	カラー入力	<input type="color" name="c" >
radio	ラジオボタン	<input type="radio" name="r" value="">
checkbox	チェックボックス	<input type="checkbox" name="c" value="">
file	ファイル選択	<input type="file" name="f" value=" ">
hidden	隠しデータ	<input type="hidden" name="h" value=" ">
submit	送信ボタン	<input type="submit" value=" ">
reset	リセットボタン	<input type="reset" value="">
image	イメージボタン	<input type="image" src="sample.gif" alt="Push">
button	ボタン	<input type="button" value=" 実行 ">

たとえば、「名前」の右側の名前を入力するフィールドは、text タイプの input 要素として作成します。

```
<input type="text" name="name" value="">
```

input には、通常、name 属性に名前を指定します。また value 要素にテキストフィールドが表示されたときに表示される文字列を指定することができます。

［送信］ボタンは、submit タイプの input 要素として作成します。ここで示す例では、value を「送信」にすることで、［送信］ボタンとして表示されるようにします。

```
<input type="submit" value="送信">
```

submit タイプの input 要素がクリックされると、form 要素で指定した方法で情報が Web サーバーに送られます。

Note
Web サーバーに送られた情報を処理する方法は「データの受け取り」で説明します。

名前を入力するフィールドの左側の「名前」という文字列は、一般的には label 要素として作成します。

```
<label>名前</label>
```

これらをまとめると、最も単純なフォームの HTML になります。

リスト 10.1 ● formex1.html

```
<html xmlns="http://www.w3.org/1999/xhtml" xml:lang="ja" lang="ja">

<head>
    <meta http-equiv="Content-Type" content="text/html; charset=UTF-8" />
    <meta http-equiv="cache-control" content="no-cache">
    <title>やさしいPHP入門　第10章</title>
</head>

<body>
    <form action="formex1.php" method="post">
        <div>
            <label>名前</label>
            <input type="text" name="name" value="">
        </div>
        <div>
            <input type="submit" value="送信">
        </div>
    </form>
</body>

</html>
```

この例では div 要素で区切っているので、「名前」ラベルとテキストフィールドは横に並んで表示され、別の div 要素として作成した［送信］ボタンがその下に表示されて、Web ブラウザには図 10.1 のように表示されます。

情報を Web サーバーに送る前にフォームに入力されたデータが妥当かどうか調べたいときには、JavaScript を使ってチェックすることができます（本書では JavaScript については説明しません）。

◆ データの受け取り

フォームのデータを受け取るために必要なことは、入力された要素の名前を指定して $_POST[ ] の値を調べるだけです。

最も単純なフォームの「名前」のデータは、「name」という名前の要素に入っているので、次のようにすると入力された名前を Web サーバーからもとの Web ブラウザに返すことができます。

```
<?php
print $_POST["name"]
?>
```

サーバー側の PHP ファイルの内容はこれだけでも良いのですが、サーバーから Web ブラウザに返す情報を HTML の形式にしたければ次のように必要な HTML の要素も出力します。

リスト 10.2 ● formex1.php

```
<?php
print "<html><body><p>";
print "入力された名前：";
print $_POST["name"];
print "</p></body></html>"
?>
```

1 2 3 4 5 6 7 8 9 10 11 12 付録

ユーザーがWebブラウザからフォームにアクセスして次のように入力して［送信］ボタンをクリックするとします。

図10.2●フォームへの入力例

すると、Webサーバーに情報が送られて、Webサーバーから返されたHTMLドキュメントがWebブラウザに次のように表示されます。

図10.3●サーバーからのレスポンス

HTMLの要素を十分に記述したければ、PHPファイルを次のように作成することもできます。

リスト 10.3 ● formex2.php

```
<!DOCTYPE html>
<html xmlns="http://www.w3.org/1999/xhtml" xml:lang="ja" lang="ja">

<head>
    <meta http-equiv="Content-Type" content="text/html; charset=UTF-8" />
    <meta http-equiv="cache-control" content="no-cache">
    <title>やさしいPHP入門　第10章</title>
```

```
</head>

<body>
    <?php
    print "<p>入力された名前：";
    print $_POST["name"];
    print "</p>";
    ?>
</body>

</html>
```

10.2 より複雑なフォーム

ここでは、チェックボックスやラジオボタンもあるより本格的な入力フォームを作り、Web サーバーからはメールを送ることもできるようにします。

◆さまざまなフォームの入力要素 ◆

最も単純なフォームに要素をさらに追加して、より複雑なフォームを作ることができます。

ここでは、次のような情報を入力して送信できるエントリーフォームを作る方法を説明します。

- 名前
- メールアドレス
- 性別（1 つだけ選択できるラジオボタン）
- メールを受け取るか？（チェックボックス）
- DM を受け取るか？（チェックボックス）

フォームは次の図に示すようにWebブラウザに表示されるようにします。

図10.4●エントリーフォーム

なお、ここでの「メールを受け取る」は、メールでさまざまな情報を受け取りたいかどうかという意思を確認するのが目的であり、あとで「メールの送信」で説明するメールとは異なります。また、「DMを受け取る」は、郵便でさまざまな情報を受け取りたいかどうかという意思を確認するのが目的であることを示します。

このフォームでは、「名前」と「メールアドレス」のフィールドはそれぞれ<p>（段落）要素の中の要素として表示することにします。

```
<p>
    <label for="name">名前</label><br />
    <input type="text" name="name" value="">
</p>
<p>
    <label for="email">メールアドレス</label><br />
    <input type="text" name="email" value="">
</p>
```

ラジオボタンは、radioタイプのinput要素として作成します。ラジオボタンは同じ名前（name属性）にすると、その中の1個だけを選択できます。また、checkedを指定すると、フォームが表示されたときにそのボタンが選択された状態で表示されます。

```
<input type="radio" name="sex" value="male">男性
<input type="radio" name="sex" value="female">女性
<input type="radio" name="sex" value="none" checked>無回答
```

チェックボックスは、checkbox タイプの input 要素として作成します。

```
<input type="checkbox" name="info[]" value="1">メールを受け取る<br />
<input type="checkbox" name="info[]" value="2">DMを受け取る
```

この例では、2 個のチェックボックスの名前（name 属性）を同じ名前にして配列として扱うようにしています。

これらをまとめたエントリーフォームの HTML は次のようになります。

リスト 10.4 ● entry.html

```
<!DOCTYPE html>
<html xmlns="http://www.w3.org/1999/xhtml" xml:lang="ja" lang="ja">

<head>
    <meta http-equiv="Content-Type" content="text/html; charset=UTF-8" />
    <meta http-equiv="cache-control" content="no-cache">
    <title>やさしいPHP入門　第10章</title>
</head>

<body>
    <form action="entry.php" method="post">
        <p>
            <label for="name">名前</label><br />
            <input type="text" name="name" value="">
        </p>
        <p>
            <label for="email">メールアドレス</label><br />
            <input type="text" name="email" value="">
        </p>
        <p>
```

```
            <input type="radio" name="sex" value="male">男性
            <input type="radio" name="sex" value="female">女性
            <input type="radio" name="sex" value-"none" checked>無回答
        </p>
        <p>
            <input type="checkbox" name="info[]" value="1">メールを受け取る<br />
            <input type="checkbox" name="info[]" value="2">DMを受け取る
        </p>
        <p>
            <input type="submit" value="送信">
        </p>
    </form>
</body>

</html>
```

フォームをより美しい外観にするためには、より多くのHTMLとCSSの知識が必要になります。

◆さまざまなデータの処理

ここでは、Webクライアントのフォームから Web サーバーに送られた情報を処理する方法について説明します。

すでに説明したように、次のようにすると、「name」という名前の要素に入っているフォームのデータを Web サーバーが受け取って、Web ブラウザに返すことができます。

```
<?php
print $_POST["name"]
?>
```

これを例えば次のようにしても構いません（<?php と ?> は省略）。

```
printf("<p>名前：%s</p>", $_POST["name"]);
```

同様にメールアドレスの情報を次のようにしてWebブラウザに返すことができます。

```
printf("<p>メールアドレス：%s</p>", $_POST["email"]);
```

性別のラジオボタンの値は、$_POST["sex"]で調べることができます。そこで次のようなif文を作れば、ユーザーがフォームで選択した状況に応じて適切なテキストをWebブラウザに返すことができるようになります。

```
if ($_POST["sex"] == "male")
    print("<p>性別：男性</p>");
elseif ($_POST["sex"] == "female")
    print("<p>性別：女性</p>");
elseif ($_POST["sex"] == "none")
    print("<p>性別：無回答</p>");
```

メールやDMを受け取るかどうかのフォームからの情報はinfoという配列で受け取ります。infoの配列要素は、チェックされたチェックボックスの数だけ送られてきます。つまり、「メールを受け取る」と「DMを受け取る」のうち、両方がチェックされれば2個の要素の配列が送られてきますし、「メールを受け取る」だけがチェックされた場合は値が"1"である要素1個だけが送られてきて、「DMを受け取る」だけがチェックされた場合は値が"2"である要素1個だけが送られてきます。このときの値"1"や"2"はフォームentry.htmlでvalue属性の値として指定した値です。

```
<input type="checkbox" name="info[]" value="1">メールを受け取る<br />
<input type="checkbox" name="info[]" value="2">DMを受け取る
```

返された要素の数はcount($_POST["info"])でわかります。各要素の値は$_POST["info"][$i]でわかります。そこで次のようにしてチェックボックスの状態に合わせて情報を出力するようにします。

```
for ($i = 0; $i < count($_POST["info"]); $i++) {
    $a = $_POST["info"][$i];
    if ($a == "1") {
        print("<p>メールを受け取る</p>");
    }
    if ($a == "2") {
        print("<p>DMを受け取る</p>");
    }
}
```

PHP ファイル全体は次のようになります。

リスト 10.5 ● entry.php

```
<!DOCTYPE html>
<html xmlns="http://www.w3.org/1999/xhtml" xml:lang="ja" lang="ja">

<head>
    <meta http-equiv="Content-Type" content="text/html; charset=UTF-8" />
    <meta http-equiv="cache-control" content="no-cache">
    <title>やさしいPHP入門　第10章</title>
</head>

<body>
    <h1>エントリーの結果</h1>
    <p>エントリーを受け付けました。</p>
    <?php
    printf("<p>名前：%s</p>", $_POST["name"]);
    printf("<p>メールアドレス：%s</p>", $_POST["email"]);
    if ($_POST["sex"] == "male")
        print("<p>性別：男性</p>");
    elseif ($_POST["sex"] == "female")
        print("<p>性別：女性</p>");
    elseif ($_POST["sex"] == "none")
        print("<p>性別：無回答</p>");
    for ($i = 0; $i < count($_POST["info"]); $i++) {
```

```
        $a = $_POST["info"][$i];
        if ($a == "1") {
            print("<p>メールを受け取る</p>");
        }
        if ($a == "2") {
            print("<p>DMを受け取る</p>");
        }
    }
    ?>
</body>

</html>
```

Web ブラウザからフォームにアクセスして次のように入力して［送信］ボタンをクリックします。

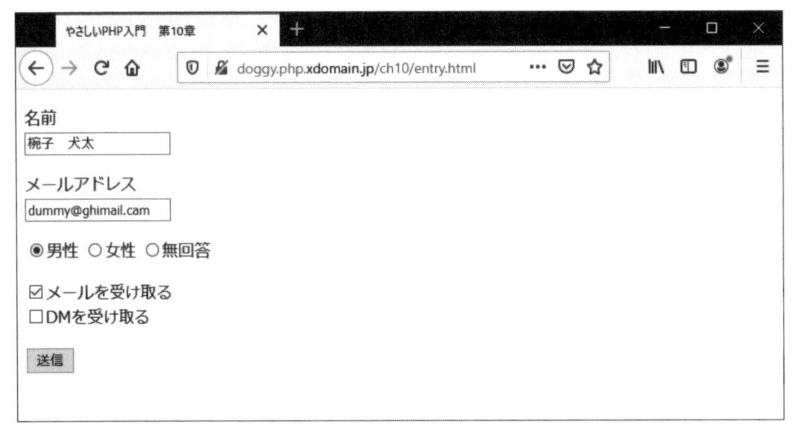

図10.5●フォームへの入力例

すると、次のようなレスポンスが返されます。

図10.6●サーバーからのレスポンス

◆メールの送信

フォームのデータをWebブラウザに送り返すだけではなく、ユーザーが入力したメールアドレスに情報の受け取りを通知するメールを送るようにしてみます。

PHPでメールを送る関数はmail()がありますが、mail()は日本語のようなマルチバイト文字に対応していないので、マルチバイト文字に対応しているmb_send_mail()を使います。

```
mail($to, $subject, $message, $headers);
mb_send_mail($to, $subject, $message, $headers);
```

toにはメールの受信者を指定します。

subjectには送信するメールの表題を指定します。

messageには送信するメッセージを指定します。このメッセージの改行コードはCRLF（¥r¥n）です。各行の長さはASCII文字列で70文字を超えない長さにします。

```
$message = $_POST["name"];
$message .= "さま¥r¥nエントリーを受け付けました¥r¥n";
```

headersには、From:、CC:やBCC:などを指定できますが、オプションです（指定しなくても構いません）。

```
$headers = "From: easy.php.study@gmail.com";
```

メール送信のためのコード自体は単純です。まずmb_language()を呼び出して言語を設定し、次にmb_internal_encoding()を呼び出してエンコーディングを指定し、mb_send_mail()を呼び出します。

```
mb_language("Japanese");
mb_internal_encoding("UTF-8");
mb_send_mail($to, $subject, $message, $headers);
```

エラーに対するメッセージを出力するためのコードも追加すると、メールを送るコードは次のようになります。

```
mb_language("Japanese");
mb_internal_encoding("UTF-8");
$to = $_POST["email"];
$subject = "エントリー受付";
$message = $_POST["name"];
$message .= "さま¥r¥nエントリーを受け付けました¥r¥n";
$headers = "From: easy.php.study@gmail.com";
if (mb_send_mail($to, $subject, $message, $headers)) {
    printf("<p>確認メールを%sに送信しました。</p>", $_POST["email"]);
} else {
    echo "確認メールを送信できませんでした";
}
?>
```

PHPプログラム全体は次のようになります。

リスト 10.6 ● entrymail.php

```
<!DOCTYPE html>
<html xmlns="http://www.w3.org/1999/xhtml" xml:lang="ja" lang="ja">

<head>
    <meta http-equiv="Content-Type" content="text/html; charset=UTF-8" />
    <meta http-equiv="cache-control" content="no-cache">
    <title>やさしいPHP入門　第10章</title>
</head>

<body>
    <h1>エントリーの結果</h1>
    <p>エントリーを受け付けました。</p>
    <?php
    // フォームの処理
    printf("<p>名前：%s</p>", $_POST["name"]);
    printf("<p>メールアドレス：%s</p>", $_POST["email"]);
    if ($_POST["sex"] == "male")
        print("<p>性別：男性</p>");
    elseif ($_POST["sex"] == "female")
        print("<p>性別：女性</p>");
    elseif ($_POST["sex"] == "none")
        print("<p>性別：無回答</p>");
    for ($i = 0; $i < count($_POST["info"]); $i++) {
        $a = $_POST["info"][$i];
        if ($a == "1") {
            print("<p>メールを受け取る</p>");
        }
        if ($a == "2") {
            print("<p>DMを受け取る</p>");
        }
    }
    // メールの送信
    mb_language("Japanese");
    mb_internal_encoding("UTF-8");
    $to = $_POST["email"];
    $subject = "エントリー受付";
    $message = $_POST["name"];
```

```
    $message .= "さま¥r¥nエントリーを受け付けました¥r¥n";
    $headers = "From: easy.php.study@gmail.com";
    if (mb_send_mail($to, $subject, $message, $headers)) {
        printf("<p>確認メールを%sに送信しました。</p>", $_POST["email"]);
    } else {
        echo "確認メールを送信できませんでした";
    }
    ?>
</body>

</html>
```

これで、ユーザーが Web ブラウザからフォームにアクセスして次のように入力して［送信］ボタンをクリックします。すると、Web サーバーに情報が送られて、返された HTML ドキュメントが Web ブラウザに次のように表示されます。

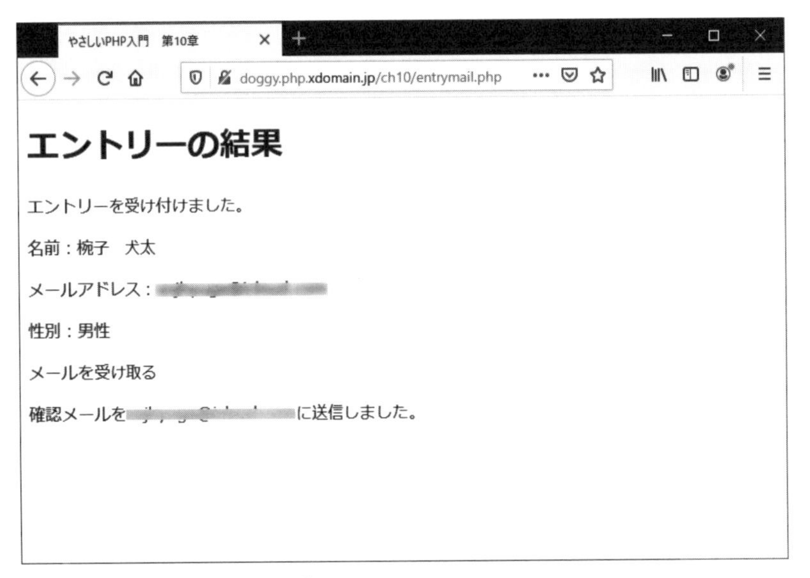

図10.7●サーバーからのレスポンス

また、入力したアドレスにメールが送られます。

Note

このプログラムは拡張機能 mbstring とメールサーバー sendmail が正しくインストールされていて適切に設定されていなければ意図したように動作しません。

10.3 GET メソッド

フォームの情報を Web サーバーに送る方法には GET というメソッドを使う方法もあります。

◆ GET メソッドのフォーム

フォームのデータを送信するときの転送方法として method に「get」を指定することができます。

get を指定すると、URI にフォームの情報が付加された情報がサーバーに送信されます。この方法では、URL を見ると入力したデータが見えてしまいます。そのため、ログイン画面の ID やパスワードのような、外部への漏洩を防ぐ必要のある情報を GET メソッドで送信することはできません。

また、送信する情報はテキストデータだけで、URL も含めて 1024 文字程度までの長さになるようにするべきです（Web ブラウザが対応していればより長いデータも可能ですが現実的ではありません）。

いいかえると、GET メソッドで送るのはごく短いテキストだけにするべきです。

フォームの作り方は POST メソッドのフォームを理解していればきわめて簡単です。POST メソッドのフォームとの違いは method="get" を指定することだけです、

```
<form method="get" action="getex.php">
```

次のようなフォームを作るとします。

図10.8●作成するフォーム

これは次のような HTML ドキュメントとして作成することができます。

リスト 10.7 ● getex.html

```
<!DOCTYPE html>
<html xmlns="http://www.w3.org/1999/xhtml" xml:lang="ja" lang="ja">

<head>
    <meta http-equiv="Content-Type" content="text/html; charset=UTF-8" />
    <meta http-equiv="cache-control" content="no-cache">
    <title>やさしいPHP入門　第10章</title>
</head>

<body>
    <form method="get" action="getex.php">
        <p>
            <label for="name">名前</label><br />
            <input type="text" name="name" value="">
        </p>
        <p>
            <label>年齢</label>
            <input type="text" name="age" />
        </p>
        <p>
            <label>性別</label>
            <input type="radio" name="sex" value="male">男性
```

```
            <input type="radio" name="sex" value="female">女性
            <input type="radio" name="sex" value="none" checked>無回答
        </p>
        <input type="submit" value="送信" />
    </form>
</body>

</html>
```

このフォームで［送信］ボタンをクリックすると、サーバーには、アドレスに情報が付加された次のようなURIがリクエストされます。

```
http://localhost/ch10/getex.php?name=%E5%B1%B1%E7%94%B0+%E9%82%A6%E5%AD%90
                                                        └ &age=23&sex=female
```

「name=」に続く「%E5%B1%B1%E7%94%B0+%E9%82%A6%E5%AD%90」は、日本語文字列をコード化した情報です。

◆ PHP ファイル

GET メソッドを使って送信されたフォームの情報を受け取る PHP ファイルも、基本的には POST メソッドのときと同じで、単に $_POST[ ] の代わりに $_GET[ ] を使います。

たとえば、名前の情報を出力したければ次のようにします。

```
<?php
print $_GET["name"]
?>
```

先ほどのフォーム getex.html のデータを受け取る PHP ファイルは例えば次のようにします。

リスト 10.8 ● getex.php

```
<!DOCTYPE html>
<html xmlns="http://www.w3.org/1999/xhtml" xml:lang="ja" lang="ja">

<head>
    <meta http-equiv="Content-Type" content="text/html; charset=UTF-8" />
    <meta http-equiv="cache-control" content="no-cache">
    <title>やさしいPHP入門　第10章</title>
</head>
<html>

<body>
    <h1>あなたのデータ</h1>
    <?php
    echo "<p>名前：" . $_GET["name"] . "</p>";
    echo "<p>年齢：" . $_GET["age"] . "</p>";
    echo "<p>性別：" . $_GET["sex"] . "</p>";
    if ($_GET["sex"] == "male")
        print("<p>性別：男性</p>");
    elseif ($_GET["sex"] == "female")
        print("<p>性別：女性</p>");
    elseif ($_GET["sex"] == "none")
        print("<p>性別：無回答</p>");
    ?>
    </form>
</body>

</html>
```

これは次のように表示されます。

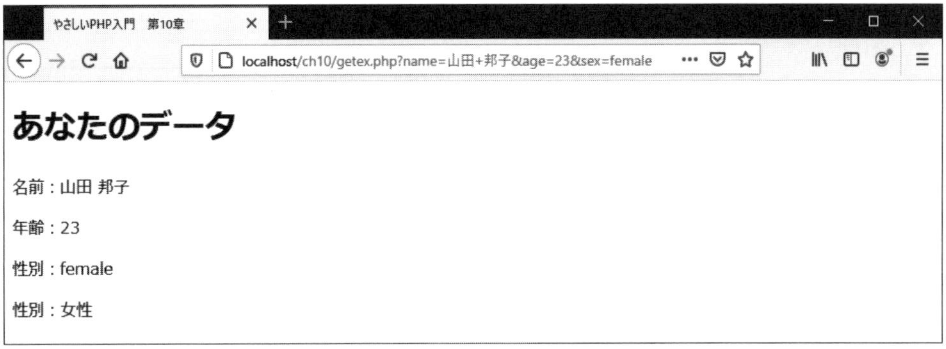

やさしいPHP入門　第10章

localhost/ch10/getex.php?name=山田+邦子&age=23&sex=female

あなたのデータ

名前：山田 邦子

年齢：23

性別：female

性別：女性

図10.9●表示されたフォーム

なお、「echo "<p>名前：" . $_GET["name"] . "</p>";」は次のコードと本質的に同じです。

```
printf ("<p>名前：%s</p>", $_GET["name"]);
```

■練習問題■

10.1 商品名、個数、単価、住所、氏名、メールアドレス、電話番号を入力する次のような注文フォームを作成してください。

たとえば次の図のようなフォームを表示するようにします。

図10.10●注文フォームの例

10.2 練習問題 10.1 で作成したフォームから送られた情報から注文確認ページを作成して返す PHP ファイルを作成してください。

たとえば次の図のようなレスポンスが得られるようにします。

図10.11●注文確認ページの例

10.3 GET メソッドを使って 2 つの整数を送る HTML ファイルと、それらの整数を加算した結果を表示する PHP ファイルを作成してください。

HTML ファイルは例えば次のように表示されるようにします。

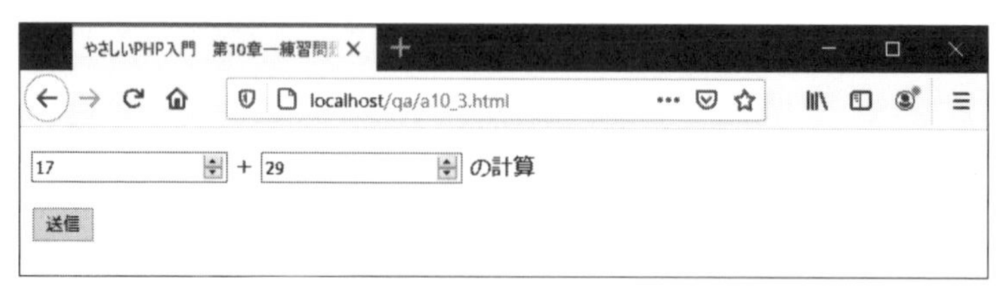

図10.12●HTMLページの表示例

PHP ファイルは例えば次のように表示されるようにします。

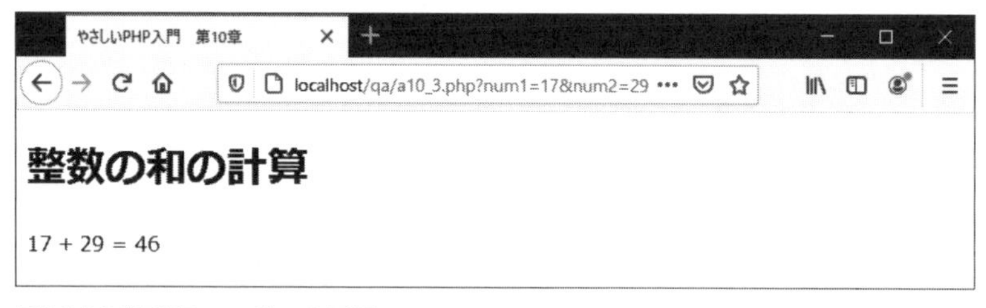

図10.13●PHPページの表示例

第11章 データベースとの連携

ここでは最初にデータベースについて概説し、次にPHPでMySQLに接続してデータベースにアクセスする方法を説明します。

11.1 データベースの基礎

データベース（Database）は、多数のデータを一定の構造で保持し、管理するためのものです。

◆データベース

「データベース」という言葉は、「たくさんのデータを集めたもの」と解釈されることがあります。また、「データベース」という言葉がデータを集めた場所のことを指す場合もあります。つまり、単に「データベース」というときには、そこに蓄積されたデータのことだけを考えることがあります。

しかし、雑多なデータをただ集めただけのものはデータベースとは言いません。データベースのデータは特定の種類のデータで一定の構造を持ちます。

プログラミングの世界では、一般にデータベースと呼ぶものの実態は、データを組織的に管理するソフトウェアと一連の一定の構造を持ったデータ全体を指します。ここで、データを組織的に管理するソフトウェアとは、データを登録したり検索したりするための基本的なソフトウェアのことです。

現在では、一定の構造をもつように整理できるデータのほとんどは、データベースシステムに保存されます。住所録や不動産の情報のような台帳に記載するようなデータはもちろん、それ以外のデータも整理されてデータベース保存されることがよくあります。たとえば、ブログやいわゆるホームページ（Web サイト）の構築に近ごろよく使われている WordPress にも、データベースが使われていて、コンテンツデータ（記事のタイトルや内容など）をデータベースに保管する仕組みになっています。また、航空機の運航管理からスーパーマーケットの在庫管理まで、世の中にあるさまざまなシステムの一定の構造を持つデータは、ほぼすべてがデータベースに保存されています。

◆データベース管理システム ◆

データを登録したり検索したりするソフトウェアを、データベース管理システム（DataBase Management System、DBMS）といいます。

データベース管理システム（DBMS）は、データを効率よく操作するためのソフトウェアです。DBMSはPHPやPythonのようなプログラミング言語を使って活用することができますが、多くの場合、それ自身のユーザーインターフェイスを備えていて、それ自身を使ってデータベースを操作することができます。たとえば、DBMSのコマンドを使って、データを登録したり、削除したり、検索したり、集計することができます。この場合、ユーザーはデータベースの構造やDBMSのコマンドの使い方を知っていなければなりません。

なお、データベースというオブジェクト（もの）は、すでに説明したように、ある種のデータが一定の構造で集められているもののことです。また、データベースという言葉がソフトウェアとしてのDBMSを指すこともあります。さらに、データベースという言葉が、DBMSとデータを含む全体を指す言葉として使われることもよくあります。

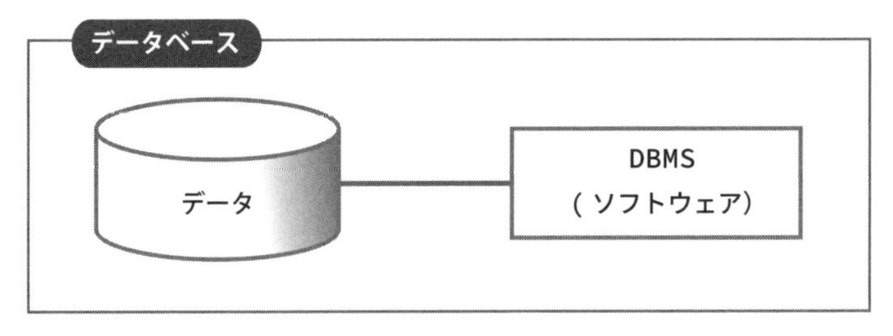

図11.1●データベース（データとDBMS）

◆データベースとデータベースアプリ

DBMSは、アプリ（アプリケーション）やWebサイトのプログラムから利用して、データベースのデータを利用できるようにすることができます（図11.2）。例えば、PHPのスクリプトからデータベースを利用するときには、PHPの関数を介してDBMSのコマンドを使ってデータベースを利用します。

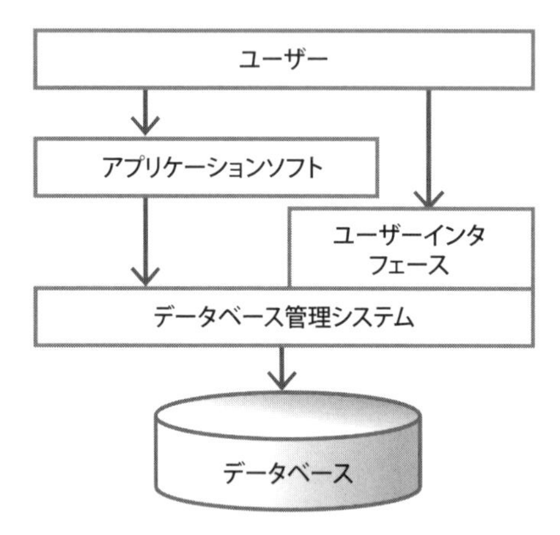

図11.2●ユーザーとデータベース

◆データベースの構造

データベースは、多数のデータを一定の構造で保持するものです。

この章で扱うMySQLをはじめ多くのデータベースは、テーブル（Table、表）で構成されています。テーブルは、フィールド（カラム、列、項目ともいう）とレコード（行ともいう）で構成されています。つまり、データベースのテーブルは表の形式でデータを保存するものとみなすことができます。

とはいえ、データベースのデータは、実際にディスクファイルのような保存媒体に表の形で保存されているわけではありません。しかし、データベースを扱うときにはテーブルをイメージすると理解しやすくなります。

データベースの最小のデータ単位はフィールド（Field）です。複数のフィールドで、1つのレコード（Record）を構成します。レコードは基本的なアクセス単位です。

複数のレコードをまとめたものがテーブル（Table）です（図11.3）。

A000001	山田一郎	ichiro@dogs.ca.jp
A010045	海野紀夫	unno@wanwan.ca.jp
A010055	笠砂州雄	kasa@dogs.ca.jp
A021245	長井花子	hana@wanwan.ca.jp
A011234	犬野憲太	kinuno@saltydog.ca.jp
A012345	椀子大輔	wanko@wanwan.ca.jp
A022545	大山小次郎	ooyama@koyama.ca.jp

図11.3●テーブル、レコード、フィールド

一般的には、1つのデータベースには、複数のテーブルを保存することができます。

DBMSは、このような構造をベースにして、レコードやフィールドの検索、並べ替え、再結合などの一連の操作を行うことができるようにします。

◆カレントレコード

データベースで、現在参照しているレコードをカレントレコード（Current Record）といいます。カレントレコードはデータベースプログラミングで重要な概念です。

データベースで、現在参照しているレコードを指すオブジェクトをカーソル（Cursor）といいます。

つまりカーソルが指している位置のレコードが現在操作の対象としているレコードであり、カーソルを移動することによって操作の対象するレコードを変更することができます。

◆キー

データベースの特定のレコードを識別するフィールドデータをキー（Key）といいます。テーブルの中のある1個のレコードを明確に識別するためには、原則として、主キー(プライマリキー、PrimaryKey）が必要です。主キーはレコードを明確に区別するために使われるので、主キーの値はレコードごとに異なっていなくてはならず、重複してはなりません。

一般的には、プライマリキーの他にテーブルに複数のキーを定義することができます。プライマリキー以外のキーは、ほとんどの場合、重複できます（詳細はデータベースによって異なります）。

キーとなるデータのフィールドを、キーフィールド（Key Field）といいます。

データベースには、数値や文字列などを保存することができますが、1つのフィールドの型は一定でなければなりません。たとえば、IDのフィールドを数値で定義したら、IDのフィールドの値はすべて数値でなければなりません。1つのフィールドに数値と文字列のような異なるデータ型を混在させることはできません。たとえば、IDに「A0123」のようなアルファベット文字を含む表現を使いたい場合には、そのIDのフィールドは、文字と数値が混在したフィールドではなく、文字列のフィールドとして定義します。

データをバイナリデータ（2進数値の並び）として保存することができる場合は、1つのフィールドに任意の型のデータを保存することができます。

◆リレーショナルデータベース

データを一定の構造に整理して複数のテーブル（表）形式で保存し、テーブル相互に関連性を持たせたデータベースを、リレーショナルデータベース（Relational DataBase）といいます。

リレーショナルデータベースの基本的な機能を提供するソフトウェアをリレーショナルデータベース管理システム（Relational DataBase Management System、RDBMS）といいます。

たとえば、売上テーブルと顧客テーブルからなる販売管理データベースでは、売上テーブルの売り上げ先の顧客IDと顧客テーブルの顧客IDとの間に関連性を持たせます。このような関連性をリレーションシップ（Relationship）またはリレーション（Relation）といいます。

売上テーブル

商品	顧客ID	個数	単価
わんわんフード	2036	10	1200
犬小屋(大)	2011	1	82000
カムカムガム	2036	1	500

リレーションシップ

顧客テーブル

顧客ID	名前	電話
2011	山田花子	0123330110
2036	神尾睦月	062125487

図11.4●リレーションシップ

関連付けるテーブルは2個以上、いくつでも構いません。大規模なデータベースでは多数のテーブルを定義して、相互に関連付けを行います。このテーブルの定義とテーブル間の関連付けを考えることは、データベースの設計の重要な仕事の1つです。

リレーショナルデータベースでは、同じデータを複数のテーブルに持たないようにしたり、さまざまな種類のデータを別のテーブルに分けて管理することで、データアクセスや検索などの効率を良くしたり、プログラムの生産性を高めることができます。図11.4の例では、売り上げテーブルに顧客の名前を登録する代わりに顧客IDを登録することで、具体的な「名前」というデータを複数のテーブルに持たせないようにしています。

データベースで、同じ情報を重複して保存すること(冗長性)を排除することを正規化(Normalization)といいます。

◆ SQL

リレーショナルDBMSで、データの操作や定義を行うための言語を、データベース問い合わせ言語(DataBase Query Language)といいます。最も普及している問い合わせ言語は、SQL(Structured Query Language)です。この章で扱うMySQLをはじめ、現代の主なデータベースは、SQLというデータベース専用の言語を使って操作します。

SQLはANSI(後にISO)で言語仕様の標準化が行われています。そのため、同じ目的に対するSQLの命令文はどのSQL対応DBMSを使ってもほぼ同じですが、細かい点で異なる部分があります。

SQLでは、データの登録や検索などのためのコマンドは、コマンド文字列で指定します。これをSQL文またはSQLクエリまたはSQLクエリーといいます。

たとえば、次のSQL文（SQLのコマンド）は、4文字の顧客のコード（id）と12文字の顧客の名前（name）があるcustomerというテーブルを作成します。

```
CREATE TABLE customer(id CHAR(4) PRIMARY KEY, name CHAR(12));
```

このテーブルの主キー（PRIMARY KEY）は顧客のコード（id）です。

SQLコマンドは長くなる場合があるため、複数行で記述したり入力できます。そのため、論理的な行の最後を明示するために、論理的な行の最後（SQL文の最後）にセミコロン（;）を付ける場合があります。SQLデータベースの種類によってこれは必須である場合と任意である場合があります。本書で説明しているMySQLでは必須です。

次のコマンドはcustomerというテーブルから、顧客の名前（name）を取り出すSQL文の例です。

```
SELECT name FROM customer;
```

SQLのコマンドは、以下3種類に分類されます。

- データ定義言語 (DDL: Data Definition Language)
- データ操作言語 (DML: Data Manipulation Language)
- データ制御言語 (DCL: Data Control Language)

データ定義の一般的なコマンドは次の通りです。なお、データベースオブジェクトとは、データベースのテーブル、インデックス、制約などを指します。

表11.1●データ定義のコマンド

コマンド	機能
CREATE	データベースオブジェクトを作成（定義）する
DROP	データベースオブジェクトを削除する
ALTER	データベースオブジェクトを変更する

データ操作の一般的なコマンドは次の通りです。

表11.2●データ操作のコマンド

コマンド	機能
INSERT INTO	行データまたはテーブルデータを挿入する
UPDATE ～ SET	テーブルを更新する
DELETE FROM	テーブルからレコードを削除する
SELECT ～ FROM ～ WHERE	テーブルデータを検索する。結果集合を取り出す

データ制御の一般的なコマンドは次の通りです。

表11.3●データ制御のコマンド

コマンド	機能
GRANT	データベース利用者に特定の作業を行う権限を与える
REVOKE	データベース利用者から権限を剥奪する
SET TRANSACTION	トランザクションモードを設定する
BEGIN	トランザクションを開始する
COMMIT	トランザクションを実施（確定）する
ROLLBACK	トランザクションを取り消す
SAVEPOINT	ロールバック地点を設定する
LOCK	テーブルなどの資源を占有する

SQL コマンドの文の例を表に示します。

表11.4●SQLコマンドの文の例

作業	コマンド
テーブルを作成する	CREATE TABLE table (field type、field type,,,);
テーブルのデータを取得する	SELECT field FROM table WHERE cnd;
テーブルをコピーする	SELECT * INTO toTable FROM fromTable;

ここで、table はテーブル名、field はフィールド名（* はすべての列）、type はデータ型、cnd は条件（たとえば id='A0123'）、toTable はコピー先テーブル名、fromTable はコピー元テーブル名です。

SQLの実装（機能や仕様を実現するための具体的な方法）の違いにより、SQLコマンドの詳細は実際に使うDBMSやそのバージョンによって多少異なる部分があります。

◆トランザクションとコミット

何らかの意味を持つ一連のSQL文を発行してその結果を得ることをトランザクションといいます。

関連する処理をすべて実行してデータベースへの変更を確定させることをコミット（commit）といいます。

実行をすべてキャンセルしてトランザクション開始前の状態に戻すことをロールバック（rollback）といいます。

関連する変更や参照をすべて準備してからコミットしたり、必要ならばロールバックして元に戻す機能がデータベースに必要な理由は、主に、データベースが1つのクライアントから変更されたり参照されるだけではなく、複数のクライアントからほぼ同時に変更されたり参照される可能性があるためです。たとえば、アプリAがデータを変更する要求とアプリBがデータを変更する要求を行った場合、アプリAによるデータ変更が完全に完了したあとでアプリBによるデータ変更を行わないと、データベースの内容がおかしくなってしまう可能性があります。そのため、コミットしたりロールバックする必要が発生します。また、データベースはネットワークを介して利用されることが多いため、ネットワークのトラブルなどで目的のことが実行できない可能性もあります。そのようなときにロールバックできるようにする必要があります。

ほとんどのDBMSは、さらにストアドプロシージャ、ビュー、トリガーなどの機能を備えていますが、本書ではこれらについては扱いません。

11.2 MySQL

ここではMySQLとその基本的な操作方法について簡単に説明します。

◆ MySQL

MySQLは世界で最も普及しているオープンソースのRDBMSで、PHP環境でも非常に多く使われています。

MySQLは、次のようなさまざまな方法で使うことができます。

- MySQLのコマンドラインツールから操作する
- PHPの対話シェルから操作する。
- PHPのスクリプトで操作する。

PHPを使わなくても、コマンドラインからMySQLを管理するアプリ（mysqlという名前のプログラム）を起動してデータベースを操作することができます。ここでは、最初にそれを使ってデータベースを作成したり操作したりする方法を説明します。そのあとで、PHPのスクリプトでデータベースを操作する方法を説明します。

◆ データベースの作成

まず、この章で使うデータベースをMySQLサーバーで作成するためにMySQLを起動します。このとき、オプション-uのあとにユーザー名（次の例ではroot）を指定し、オプション-pも指定して、表示される「Enter password:」に対してパスワードを入力します（ユーザー名とパスワードについては付録を参照してください）。

```
>mysql -u root -p
Enter password: *******
mysql>
```

これで表示された「mysql>」は、MySQL を操作するコマンドラインツールのコマンドプロンプトです。このプロンプトに対してコマンドを入力して作成したり操作したりします。

MySQL のプロンプトに対するコマンドは大文字・小文字を区別しません。ここでは本書の表記の決まりに従って大文字にしていますが、小文字でも構いません。なお、MySQL では、SQL コマンドの最後にセミコロン（;）が必要なので注意してください。

次に、データベース shopdb を作成して使う準備をします。

データベースの作成には CREATE コマンドを使います。たとえば、次のようにすると shopdb というデータベースを作成できます。

```
mysql> CREATE DATABASE shopdb;
Query OK, 1 row affected (0.04 sec)
```

すでに同じ名前のデータベースがあるにもかかわらずそれと同じ名前で作成しようとするとエラーになります。すでに作成してあるデータベースを選択するときには USE コマンドを使います。

```
mysql> USE shopdb;
Database changed
```

◆ テーブルの作成

次に Staff テーブルを作成します。テーブル作成には CREATE TABLE コマンドを使います。書式は次の通りです。

```
CREATE TABLE table( fielddef...);
```

ここで table はテーブル名、fielddef はフィールド（カラム）定義です。フィールド（カラム）定義はここでは次のようにします。

```
name VARCHAR(20) PRIMARY KEY,
age INT,
section VARCHAR(20)
```

最初のフィールドである name にプライマリキー（PRIMARY KEY）を指定していることに注意してください。

プロンプトに対して実際にコマンドを入力するときには次のように入力します。

```
mysql> CREATE TABLE Staff(name VARCHAR(20) PRIMARY KEY, age INT,
                                        └ section VARCHAR(20));
Query OK, 0 rows affected (0.20 sec)
```

すでに同じ名前のテーブルがあるにもかかわらずそれと同じ名前のテーブルを作成しようとするとエラーになります。

テーブルが存在していない場合に限ってテーブルを作成したいときには CREATE TABLE 文で次のように IF NOT EXISTS を使います。

```
CREATE TABLE IF NOT EXISTS Fruit (
   id    VARCHAR(5) PRIMARY KEY,
   name  VARCHAR(20),
   price INTEGER);
```

◆データの登録

作成したデータベースにデータを登録します。データの登録には INSERT INTO コマンドを使います。

```
mysql> INSERT INTO Staff VALUES('山野健太', 25, '販売');
Query OK, 1 row affected (0.02 sec)

mysql> INSERT INTO Staff VALUES('川崎洋子', 18, '販売');
```

```
Query OK, 1 row affected (0.05 sec)

mysql> INSERT INTO Staff VALUES('花尾翔', 36, '仕入れ');
Query OK, 1 row affected (0.02 sec)

mysql> INSERT INTO Staff VALUES('大山海男', 24, '経理');
Query OK, 1 row affected (0.06 sec)

mysql> INSERT INTO Staff VALUES('石井洋治', 19, '販売');
Query OK, 1 row affected (0.07 sec)
```

◆ データの取得

データは、SELECT ... FROM で取得できます。

```
SELECT * FROM table;
```

登録したデータを SELECT 文で取得して表示します。

```
mysql> SELECT * FROM Staff ;
+----------+------+---------+
| name     | age  | section |
+----------+------+---------+
| 大山海男 |   24 | 経理    |
| 山野健太 |   25 | 販売    |
| 川崎洋子 |   18 | 販売    |
| 石井洋治 |   19 | 販売    |
| 花尾翔   |   36 | 仕入れ  |
+----------+------+---------+
5 rows in set (0.00 sec)
```

次の例はStaffテーブルから25歳未満のデータを取り出した例です。

```
mysql> SELECT * FROM Staff  WHERE age<25;
+----------+------+---------+
| name     | age  | section |
+----------+------+---------+
| 大山海男 |   24 | 経理    |
| 川崎洋子 |   18 | 販売    |
| 石井洋治 |   19 | 販売    |
+----------+------+---------+
3 rows in set (0.01 sec)
```

作業が終わったらMySQLを終了します。

```
mysql> QUIT;
Bye
```

ここまでの作業でStaffというテーブルとデータを持つデータベースshopdbが作成できました。以降の説明でこのテーブルを使います。

MySQLではデータベースの実体が作成されるところは、データベースサーバー側のMySQLのデータディレクトリです。Windowsではこれはデフォルトで「C:¥ProgramData¥MySQL¥MySql server *X*.0¥Data」（*X*はデータベースのバージョン）です。ファイルは1つではなく複数のファイルで構成されます。

11.3 PHPでのデータベース操作

ここでは、PHPのプログラムからデータベースに接続して操作します。

◆PDO

PHPからのMySQLへの接続にはPHP Data Objects（PDO）拡張モジュールを使います。

PDO拡張モジュールは多くのDBMSに対応しているため、MySQL以外のデータベースの操作にも使えます（どのBDMSでもまったく同じというわけではありません）。

PDOはPHP 5.0以降で使用可能です。

PDOを利用できるようにするには、php.iniを適切に設定することが必要です（付録参照）。

◆接続とデータ取得の流れ

接続するときにはコンストラクタを使ってPDOオブジェクトを作成します。

コンストラクタを呼び出すときの書式は次の通りです。

```
$dbh = new PDO(string $dsn, string $user, string $passwd,
                                         └ array $options);
```

dsnには、データソース名（Data Source Name）またはDSNを指定します。次の例はlocalhostにあるshopdbというデータベースに接続するときの例です。

```
$dsn = 'mysql:host=localhost;dbname=shopdb;';
```

上の例では、MySQLサーバーはPHPのプログラムを実行しているのと同じマシン（localhost）ですが、ネットワークで接続された他のマシンのMySQLサーバーに接続したいときにはhostにたとえば「host="192.168.12.45"」のような形式または名前でそのサーバーを指定します。

username にはデータベースのユーザー名、passwd にそのユーザーのパスワードを指定します。

```
$user = 'root';
$passwd = 'password';
```

options にはドライバー固有の接続オプションを指定する「キー => 値」の配列を指定します。

次の例は、レコード列名をキーとして取得するように設定する例です。

```
$options = [ PDO::ATTR_DEFAULT_FETCH_MODE => PDO::FETCH_ASSOC ];
```

たとえば次のように使います（オプションは省略します）。

```
$dsn = 'mysql:host=localhost;dbname=shopdb;';
$user = 'root';
$passwd = 'password';

// データベースに接続する
$dbh = new PDO($dsn, $user, $passwd);
```

エラーの報告がなければ接続できているはずですが、第 12 章で説明する例外処理で接続できているかどうか確認することもできます。

```
try {
    $dbh = new PDO($dsn, $user, $passwd);
    echo "接続成功¥n";
} catch (PDOException $e) {
    echo "接続失敗: " . $e->getMessage() . "¥n";
    exit();
}
```

そして、たとえばデータを取得するための SQL 文を作成して実行します。次の例は staff テーブルのすべてのデータを取得するための SQL 文「'SELECT * FROM staff;'」を実行する例です。

```
// SQL文を作成する
$pdo = $dbh->prepare('SELECT * FROM staff;');

// SQL文を実行する
$pdo->execute();
```

そして、次のようにして取得したデータを表示します。

```
foreach ($pdo as $row) {
    printf("%s %s %s¥n", $row[0], $row[1], $row[2]);
}
```

使い終わったら接続を解除します。

```
$pdo = null;
```

これまでに説明した PHP のプログラムでデータベースに接続してデータを得るための一連のプログラムを整理すると次のようになります。

```
$dsn = 'mysql:host=localhost;dbname=shopdb;';
$user = 'root';
$passwd = 'password';

// データベースに接続する
$dbh = new PDO($dsn, $user, $passwd);

// SQL文を作成する
$pdo = $dbh->prepare('SELECT * FROM staff;');
```

```
// SQL文を実行する
$pdo->execute();

// 結果を出力する
foreach ($pdo as $row) {
    printf("%s %s %s¥n", $row[0], $row[1], $row[2]);
}

$pdo = null;
```

PHPの対話シェルで実行した例を次に示します。

```
php > $dsn = 'mysql:host=localhost;dbname=shopdb;';
php > $user = 'root';
php > $passwd = 'password';
php >
php > // データベースに接続する
php > $dbh = new PDO($dsn, $user, $passwd);
php >
php > // SQL文を作成する
php > $pdo = $dbh->prepare('SELECT * FROM staff;');
php >
php > // SQL文を実行する
php > $pdo->execute();
php >
php > // 結果を出力する
php > foreach ($pdo as $row) {
php {     printf("%s %s %s¥n", $row[0], $row[1], $row[2]);
php { }
大山海男 24 経理
山野健太 25 販売
川崎洋子 18 販売
石井洋治 19 販売
花尾翔 36 仕入れ
php >
php > $pdo = null;
```

◆ データベースの新規作成と使用

接続するときに、データベースを指定しないで接続しておいて、データベースを PHP のコードで作成するときには CREATE DATABASE 文を使います。

```
$dsn = 'mysql:host=localhost;dbname=shopdb;';
$user = 'root';
$passwd = 'password';

// データベースに接続する
$dbh = new PDO($dsn, $user, $passwd);

// データベースを作成する
$pdo = $dbh->prepare('CREATE DATABASE shop000db;');
$pdo->execute();
```

接続するときに、データベースを指定しないで接続しておいて、すでにあるデータベースを使うことをあとで宣言するときには USE 文を使います。

```
$dsn = 'mysql:host=localhost;';
$user = 'root';
$passwd = 'password';

// データベースに接続する
$dbh = new PDO($dsn, $user, $passwd);

# データベースを使用する
$pdo = $dbh->prepare('USE Shopdb;');
$pdo->execute();
```

◆ テーブル作成

テーブルを作成する SQL 文は CREATE TABLE です。たとえば、id、name、price という 3 個のフィールドがある Fruit テーブルを作成するには次のような SQL 文を実行します。

```
CREATE TABLE Fruit (id VARCHAR(5),name VARCHAR(20),price INTEGER)
```

データベース shopdb にテーブル Fruit を作成する一連の手順は次の通りです。

```
$dsn = 'mysql:host=localhost;dbname=shopdb;';
$user = 'root';
$passwd = 'password';

// データベースに接続する
$dbh = new PDO($dsn, $user, $passwd);

$sql='CREATE TABLE Fruit (id VARCHAR(5),name VARCHAR(20),price INTEGER);';
$pdo = $dbh->prepare($sql);
$pdo->execute();
```

これはテーブル Fruit がまだ存在していないことを前提としています。Fruit テーブルが既に作成してある場合には、あとの「テーブルの削除」を参照して作成するテーブルを削除してください。

```
$dsn = 'mysql:host=localhost;dbname=shopdb;';
$user = 'root';
$passwd = 'password';

// データベースに接続する
$dbh = new PDO($dsn, $user, $passwd);

$sql='DROP TABLE IF EXISTS Fruits;';
$pdo = $dbh->prepare($sql);
$pdo->execute();
```

◆データの登録

データを登録するときには SQL 文 INSERT INTO を使います。

```
INSERT INTO table VALUES (value...);
```

次の例は Fruit テーブルに 5 個のデータを追加する例です。

```
$sql="INSERT INTO Fruit VALUES ('20023','バナナ',128);";
$pdo = $dbh->prepare($sql);
$pdo->execute();
$sql="INSERT INTO Fruit VALUES ('21120','温州みかん',520);";
$pdo = $dbh->prepare($sql);
$pdo->execute();
$sql="INSERT INTO Fruit VALUES ('31010','夏みかん',120);";
$pdo = $dbh->prepare($sql);
$pdo->execute();
$sql="INSERT INTO Fruit VALUES ('42102','りんご',132);";
$pdo = $dbh->prepare($sql);
$pdo->execute();
$sql="INSERT INTO Fruit VALUES ('52300','イチゴ',880);";
$pdo = $dbh->prepare($sql);
$pdo->execute();
```

次のようにすると、Fruits テーブルに登録されているデータを確認できます。

```
$sql="SELECT * FROM Fruit;";
$pdo = $dbh->prepare($sql);
$pdo->execute();

// 結果を出力する
foreach ($pdo as $row) {
    printf("%s %s %s¥n", $row[0], $row[1], $row[2]);
}
```

◆ データの検索 ◆

データを検索する場合にも SELECT 文を使います。このとき、検索条件を指定するために WHERE 句を使います。

次の例は price が 150 を超える果物を検索します。

```
$sql="SELECT * FROM Fruit WHERE price >150;";
$pdo = $dbh->prepare($sql);
$pdo->execute();

// 結果を出力する
foreach ($pdo as $row) {
    printf("%s %s %s¥n", $row[0], $row[1], $row[2]);
}
```

次の例は Staff テーブルの 25 歳未満の人のデータを取得する例です。

```
$sql="SELECT * FROM Staff WHERE age<25 ; ";
$pdo = $dbh->prepare($sql);
$pdo->execute();

// 結果を出力する
foreach ($pdo as $row) {
    printf("%s %s %s¥n", $row[0], $row[1], $row[2]);
}
```

対話シェルで実際に検索してみると、次のようになります。

```
php > $sql="SELECT * FROM Staff WHERE age<25 ; ";
php > $pdo = $dbh->prepare($sql);
php > $pdo->execute();
php > // 結果を出力する
php > foreach ($pdo as $row) {
php {     printf("%s %s %s¥n", $row[0], $row[1], $row[2]);
php { }
```

```
大山海男 24 経理
川崎洋子 18 販売
石井洋治 19 販売
```

検索条件を指定して特定の列のデータだけを取得したいときには、次のように SELECT のあとに取得したいフィールド（カラム）を指定します。

```
$sql="SELECT name FROM Fruit WHERE price >150;";
$pdo = $dbh->prepare($sql);
$pdo->execute();

// 結果を出力する
foreach ($pdo as $row) {
    printf("%s¥n", $row[0]);
}
```

これは price（価格）が 150 を超える果物の名前だけを Fruit テーブルで検索する例です。

PHP の対話シェルで実行するときには次のようにします。

```
php > $sql="SELECT name FROM Fruit WHERE price >150;";
php > $pdo = $dbh->prepare($sql);
php > $pdo->execute();
php >
php > // 結果を出力する
php > foreach ($pdo as $row) {
php {     printf("%s¥n", $row[0]);
php { }
温州みかん
イチゴ
```

◆データの更新

データを更新するときにはUPDATE文を使います。

```
UPDATE table SET value=val WHERE exp
```

expは更新するデータの条件を指定します。

たとえば、Fruitテーブルのidが31010のpriceを125に変更するときには次のようにします。

```
$sql="UPDATE Fruit SET price=125 WHERE id='31010'";
$pdo = $dbh->prepare($sql);
$pdo->execute();
```

また、主キーを指定してあれば、REPLACE INTO文で更新(レコードが存在している場合)または挿入（レコードが存在していない場合）することもできます。

```
REPLACE INTO table( fields ) Values ( values );
```

次の例は「すいか」のデータを更新または追加する例です。

```
$sql="REPLACE INTO Fruit(id, name, price) Values('02312', 'すいか', '750');";
$pdo = $dbh->prepare($sql);
$pdo->execute();
```

◆データの削除

データを削除するときにはDELETE文を使います。

```
DELETE FROM table WHERE exp
```

expは削除するデータの条件を指定します。

たとえば、Fruitテーブルのidが31010のデータを削除するときには次のようにします。

```
$sql="DELETE FROM Fruit WHERE id='02312'";
$pdo = $dbh->prepare($sql);
$pdo->execute();
```

◆テーブルの削除

テーブルを削除するときには、次のようにDROP TABLE文を使います。

```
$sql="DROP TABLE Fruit;";
```

テーブルが存在しているかどうかわからない場合は、IF EXISTSを付けた次の文を実行します。

```
$sql="DROP TABLE IF EXISTS table;";
```

テーブルの定義（構造）は残しておいてテーブルのレコードをすべて削除するときには、TRUNCATE TABLEを使います。

```
$sql="TRUNCATE TABLE table;";
```

11.4 データベースとフォーム

ここではHTMLのフォームからデータベースのデータを操作する方法を説明します。

◆データベースの準備

ここでは、この章のこれまでに説明したデータベース shopdb が存在していてデータが登録されていることを前提としています。まだデータベースを作成していないならば、データベースを作成してください。

◆レコードの検索と表示

ここでは、データベースのレコードを表示するための fruits.html と fruit.php を作ります。

HTML ファイル fruits.html にはラジオボタンを3個配置します。

図11.5●fruits.html

ユーザーが「ぜんぶ」を選択したときにはデータベース内のデータを全部表示し、「200円以下」を選択したときには200円以下の果物だけを検索して表示し、「201円以上」を選択したときには200円以下の果物だけを検索して表示するようにします。

次の図は、「ぜんぶ」を選んで表示した例です。

図11.6●検索結果（fruit.phpの出力）

HTML ファイルはこれまでに説明した範囲で作ってあり、新しいことは何もありません。

リスト 11.1 ● fruits.html

```
<!DOCTYPE html>
<html xmlns="http://www.w3.org/1999/xhtml" xml:lang="ja" lang="ja">

<head>
    <meta http-equiv="Content-Type" content="text/html; charset=UTF-8" />
    <meta http-equiv="cache-control" content="no-cache">
    <title>やさしいPHP入門　第11章</title>
</head>

<body>
    <h1>くだもの屋さん</h1>
    <p>どの商品を見ますか？</p>
    <form action="fruits.php" method="post">
        <p>
            <input type="radio" name="kind" value="all" checked>ぜんぶ
            <input type="radio" name="kind" value="under">200円以下
            <input type="radio" name="kind" value="over">201円以上
        </p>
        <p>
            <input type="submit" value="送信">
        </p>
```

```
    </form>
</body>

</html>
```

PHP ファイルでは、次のような SQL コマンドを使ってデータベースを検索します。

```
$sql = "SELECT * FROM Fruit;";                    // 「ぜんぶ」のとき
$sql = "SELECT * FROM Fruit WHERE price<201;"; // 200円以下のとき
$sql = "SELECT * FROM Fruit WHERE price>200;"; // 201円を以上のとき
```

また、出力する際にはテーブル（表）を使います。テーブルを作る HTML は、表全体を <table> と </table> で囲い、行全体を <tr> と </tr> で囲い、各セルの内容を <td> と </td> で囲って次のように記述します。

```
<table>
    <tr><td>C1-1</td><td> C1-2</td><td> C1-3</td></tr>
    <tr><td>C2-1</td><td> C2-2</td><td> C2-3</td></tr>
    <tr><td>C3-1</td><td> C3-2</td><td> C3-3</td></tr>
</table>
```

この HTML を表示すると次のように表示されます。

C1-1 C1-2 C1-3
C2-1 C2-2 C2-3
C3-1 C3-2 C3-3

図11.7●テーブルのコード例で作成したテーブル

このテーブルを表示する方法を利用して、例えば Fruit テーブルのデータを次のように表形式で表示することができます。

20023 バナナ　　128
21120 温州みかん 555
31010 夏みかん　125

図11.8●Fruitテーブルの情報を表形式で表示する例

PHP ファイル全体は次のようになります。

リスト 11.2 ● fruits.php

```
<!DOCTYPE html PUBLIC "-//W3C//DTD XHTML 1.0 Strict//EN"
                          ┗ "http://www.w3.org/TR/xhtml1/DTD/xhtml1-strict.dtd">
<html xmlns="http://www.w3.org/1999/xhtml" xml:lang="ja" lang="ja">

<head>
    <meta http-equiv="Content-Type" content="text/html; charset=UTF-8" />
    <meta http-equiv="cache-control" content="no-cache">
    <title>やさしいPHP入門　第11章</title>
</head>

<body>
    <h1>商品一覧</h1>
    <table>
        <?php
        $sql = "SELECT * FROM Fruit;";
        if ($_POST["kind"] == "under")
            $sql = "SELECT * FROM Fruit WHERE price<201;";
        elseif ($_POST["kind"] == "over")
            $sql = "SELECT * FROM Fruit WHERE price>200;";

        $dsn = 'mysql:host=localhost;dbname=shopdb;';
        $user = 'root';
        $passwd = 'password';
        // データベースに接続する
        $dbh = new PDO($dsn, $user, $passwd);
        $pdo = $dbh->prepare($sql);
        $pdo->execute();
        // 結果を出力する
        foreach ($pdo as $row) {
```

```
            print("<tr>");
            printf("<td>%s</td><td>%s</td><td>%s</td>", $row[0], $row[1],
$row[2]);
            print("</tr>¥r¥n");
        }
        $pdo = null;
        ?>
    </table>
</body>

</html>
```

◆レコードの登録と更新

ここでは、Staff テーブルにレコードを登録したり更新できる HTML と PHP ファイルの例を説明します。

HTML ファイルは次の図に示すように作ります。

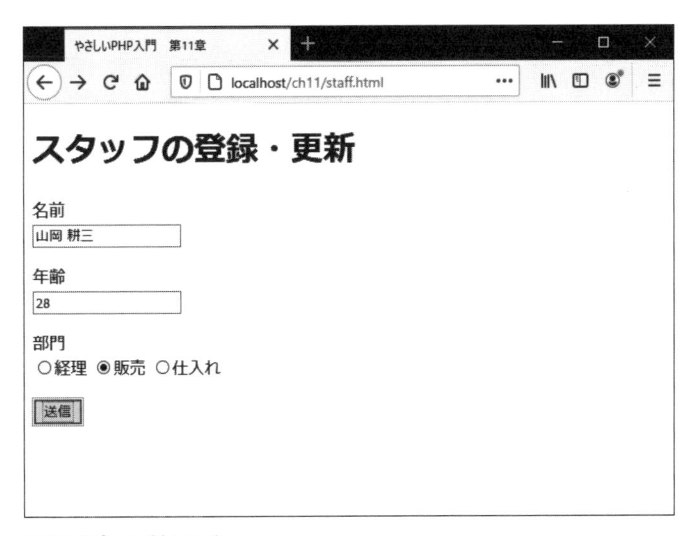

図11.9●staff.html

この HTML ファイルに新しい要素はありません。すべてこれまでに説明した技術を使っています。

HTML ファイル全体を次に示します。

リスト 11.3 ● staff.html

```
<!DOCTYPE html>
<html xmlns="http://www.w3.org/1999/xhtml" xml:lang="ja" lang="ja">

<head>
    <meta http-equiv="Content-Type" content="text/html; charset=UTF-8" />
    <meta http-equiv="cache-control" content="no-cache">
    <title>やさしいPHP入門　第11章</title>
</head>

<body>
    <h1>スタッフの登録・更新</h1>
    <form action="staff.php" method="post">
        <p>
            <label for="name">名前</label><br />
            <input type="text" name="name" value="">
        </p>
        <p>
            <label for="age">年齢</label><br />
            <input type="text" name="age" value="">
        </p>
        <p>
            <label for="section">部門</label><br />
            <input type="radio" name="section" value="1">経理
            <input type="radio" name="section" value="2" checked>販売
            <input type="radio" name="section" value="3">仕入れ
        </p>
        <p>
            <input type="submit" value="送信">
        </p>
    </form>
</body>

</html>
```

PHP ファイルは、データベースに情報を登録するか更新してから、現在のデータを表示する次の図に示すような HTML ドキュメントを生成します。

図11.10●staff.phpから返されたHTMLドキュメントを表示した例

ここでのポイントは、HTML ファイルから送られてきた情報をもとに、SQL の REPLACE INTO コマンド文字列を作成する部分です。

```
$vals = "Values ('" . $name . "','" . $age . "','";
if ($_POST["section"] == '1')
    $vals .=  "経理');'";
if ($_POST["section"] == '2')
    $vals .=  "販売');'";
if ($_POST["section"] == '3')
    $vals .=  "仕入れ');'";

$sql = "REPLACE INTO Staff(name, age, section) " . $vals;
printf("<p>SQL=%s</p>", $sql);  // デバッグ用
```

上のコードの最後に、デバッグ用として SQL 文を出力する printf() を追加していることに注意してください。このようなコードを入れておくと、実行する SQL 文を確認できます。

このファイルを実際に運用する際には、このようなデバッグのコードは削除するか、コメントにしておきます。

PHP ファイル全体を次に示します。

リスト 11.4 ● staff.php

```
<!DOCTYPE html PUBLIC "-//W3C//DTD XHTML 1.0 Strict//EN"
                          └ "http://www.w3.org/TR/xhtml1/DTD/xhtml1-strict.dtd">
<html xmlns="http://www.w3.org/1999/xhtml" xml:lang="ja" lang="ja">

<head>
    <meta http-equiv="Content-Type" content="text/html; charset=UTF-8" />
    <meta http-equiv="cache-control" content="no-cache">
    <title>やさしいPHP入門　第11章</title>
</head>

<body>
    <h1>スタッフ一覧</h1>
    <?php
    $name = $_POST["name"];
    $age = $_POST["age"];
    $vals = "Values ('" . $name . "','" . $age . "','";
    if ($_POST["section"] == '1')
        $vals .=  "経理');'";
    if ($_POST["section"] == '2')
        $vals .=  "販売');'";
    if ($_POST["section"] == '3')
        $vals .=  "仕入れ');'";

    $sql = "REPLACE INTO Staff(name, age, section) " . $vals;
    // printf("<p>SQL=%s</p>", $sql);  // デバッグ用
    $dsn = 'mysql:host=localhost;dbname=shopdb;';
    $user = 'root';
    $passwd = 'password';
    // データベースに接続する
```

```
    $dbh = new PDO($dsn, $user, $passwd);
    $pdo = $dbh->prepare($sql);
    $pdo->execute();
    ?>
    <!-- 登録情報を出力する -->
    <table>
        <tr>
            <td>名前</td>
            <td>年齢</td>
            <td>部門</td>
        </tr>
        <?php
        $sql = "SELECT * FROM Staff;";
        $pdo = $dbh->prepare($sql);
        $pdo->execute();
        foreach ($pdo as $row) {
            print("<tr>");
            printf("<td>%s</td><td>%s</td><td>%s</td>", $row[0], $row[1],
                                                              └ $row[2]);
            print("</tr>¥r¥n");
        }
        $pdo = null;
        ?>
    </table>
</body>

</html>
```

練習問題

11.1 データベース shopdb に名前と電話番号からなる顧客テーブル Cunstomer を作成してください。

11.2 Fruit テーブルのデータ登録／更新のための HTML と PHP を作成してください。

11.3 Stuff テーブルのデータから、特定の名前のデータを検索して出力できるように HTML と PHP を作成してください。

さまざまな話題

ここではこれまでの章で解説しなかったいくつかの話題を取り上げます。

12.1 エラー対策とデバッグ

エラーに対処して問題を解決できるようにすることはプログラミングにおいて必要な基本的な技術です。

◆ 例外処理

プログラム実行中には、さまざまな事態が予想されます。まれに致命的なエラーが発生することがあり、そのような事態を例外といいます。例外に対処するために、次のような例外処理の構文を使います。

```
try {
    （例外が発生する可能性があるコード）；
} catch (Exception $e) {
    printf("例外: %s¥n", $e->getMessage());
} finally {
    （例外が発生してもしなくても実行されるコード）；
}
```

例外は、次のような文で生成することができます。

```
throw new Exception('例外発生');
```

例えば、PHP ではゼロによる割り算は、警告（Warning）になります。

```
php > $x = 12 / 0;
PHP Warning:  Division by zero in php shell code on line 1

Warning: Division by zero in php shell code on line 1
```

しかし、ゼロによる割り算を例外として扱いたい場合は、例えば割る数がゼロのときに例外を生成する次のような関数を作ります。

```
function div($x, $y) {
    if ($y == 0) {
        throw new Exception('ゼロによる除算。');
    }
    return $x/$y;
}
```

そして例外処理の構文を使います。

```
$a = 10;
$b = 2;              // これをゼロにすると例外が派生する
try {
    echo div($a, $b) . "¥n";
} catch (Exception $e) {
    echo '捕捉した例外: ',  $e->getMessage(), "¥n";
} finally {
    echo "例外が発生してもしなくても出力されます。";
}
```

◆デバッグ

プログラムを作成すると、プログラムの中に間違いが紛れ込んで、プログラムを実行したときに意図したのとは異なる結果になることがあります。このような間違いをバグといい、バグを直すことをデバッグといいます。

プログラムができたら、プログラムが予期した通り正常に機能するかどうか調べます。プログラム全体ができていなくても、ある部分が予期した通り正常に機能するかどうか調べることもあります。このような作業をプログラムのテストといいます。

テストの方法は、一般的にはプログラムを実行して結果や得られた状態を調べるということになりますが、プログラムによってはとても多くの異なる条件で実行する必要がある場合があります。そのようなときには、さまざまな方法で操作してみる、いろいろなデータを用意して実行してみる、乱数を使って自動的に条件を変えて実行する、などの方法をとります。

PHPの場合、インタープリタ言語であることから、コードが実行されないとバグが発見できないという性質があります。特定の条件のときに実行されるコード（例えばif文で特定の条件になったときに実行されるコード）のことも考慮に入れて、さまざまな条件で十分にテストする必要があります。

◆デバッグの手順

プログラムのテストで問題が明らかになったら、一般的には、次の手順でデバッグを行います。

（1）症状の把握
（2）バグの発生場所の特定
（3）バグの修正

最初に症状を把握します。デバッグを行うときに、症状を把握することが、意外に困難であることがあります。たとえば、特定の状況のときにしか現れない症状や、プログラムがまったく反応せず、何がなんだかわからないという状況は厄介です。いずれにしても、次のステップに進むためには症状を明確にする必要があります。

バグの発生場所の特定するには、コードとその状況を追跡します。PHPのプログラムのデバッグでは、プログラムの要所やサブルーチンの先頭に、デバッグに役立ちそうな情報を出力するコードを挿入する方法が便利です。

データベースを活用するWebサイトを構築しているような場合は、ページ全体をWebサーバーに保存してクライアントから実行をリクエストして調べるよりも、対話シェルでデータベースにアクセスするPHPのスクリプト部分だけを取り出して実行して検証するほうが効率的であることがあります。

バグの発生場所が特定できたら、たいていの場合、そこを直せばよいので、バグの修正は簡単な作業です。とはいえ、直すコードが本当に正しいかどうか、自信のない場合もときにはあるでしょう。そのようなときには、前のコードはコメントにしてとっておいて、そのあとに訂正したコードを入力して、実行してみます。それで問題がなくなったことが確認できれば、コメント（つまり、修正前のコード）を削除します。

IDE の中にはデバッグ機能が利用できるものがあります。

◆ 最良のデバッグ方法

最も良いデバッグ方法は、デバッグの必要がないプログラムを作ることです。当たり前のことのように感じるかもしれませんが、これが真理です。ちょっとぐらい間違っていてもあとで直せばよいという気持ちでデバッグすることを前提にして開発したプログラムには、予期した以上のバグが入り込んでしまうものです。

最初からバグのないプログラムを書くことが大切です。そのためには、企画や設計というプログラムコードに取り掛かる前の段階が重要になります。また、コードを書いているときにも、単に動作すればよいという態度ではなく、バグが紛れこまないように細心の注意を払います。それでもバグが発生したら、デバッグを行います。

問題となりそうな PHP のプログラムの部分は、そこだけを取り出して対話シェルで実行して検討してみるのも良い方法です。

12.2 安全確保

PHP が最も利用されている Web サーバーでの運用では、発生しうるさまざまな問題からサーバーを保護することが極めて重要です。ここではすぐにできる基本的な対策のいくつかを紹介します。

◆ php.ini による設定

サーバーの PHP のバージョンやシステムとその設定状態などは、`phpinfo()` という PHP の関数を使って調べることができます。

次の例は phpinfo() を呼び出す単純な PHP ファイルの例です。

リスト 12.1 ● phpinfo.php

```
<html>

<head>
    <title>やさしいPHP入門</title>
</head>

<body>
    <h2>PHP情報</h2>

    <!-- セキュリティ上の理由で実行できない場合がある -->
    <?php phpinfo(); ?>

</body>

</html>
```

これを使って情報を表示した例を次の図に示します。ここに表示されているのはごく一部です。実際には非常に詳細な情報が表示されます。

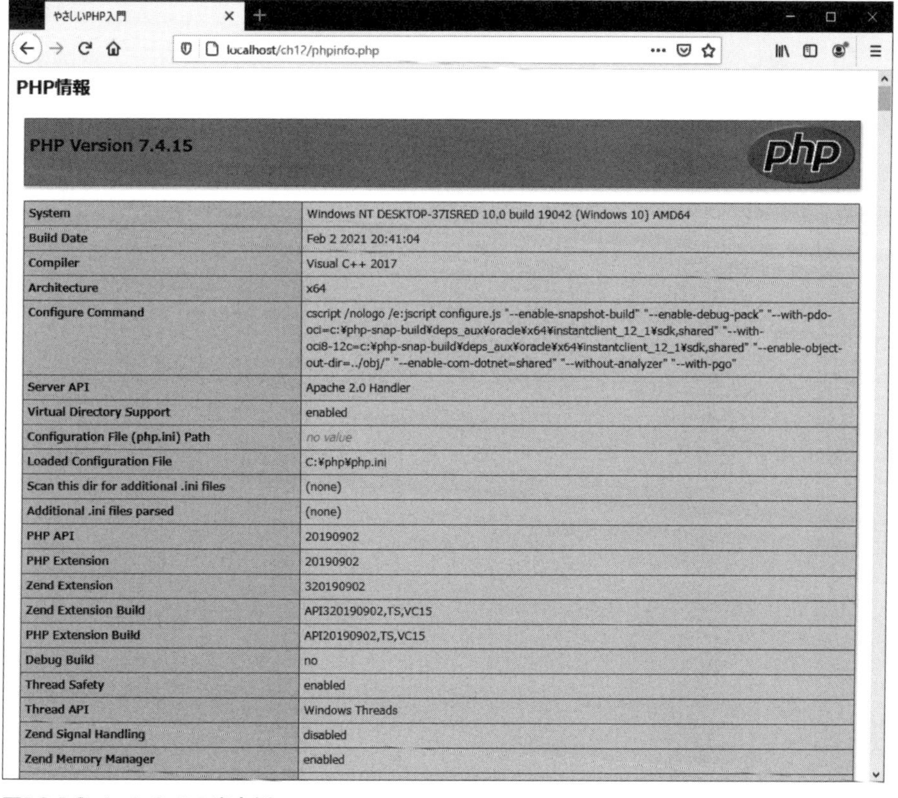

System	Windows NT DESKTOP-37ISRED 10.0 build 19042 (Windows 10) AMD64
Build Date	Feb 2 2021 20:41:04
Compiler	Visual C++ 2017
Architecture	x64
Configure Command	cscript /nologo /e:jscript configure.js "--enable-snapshot-build" "--enable-debug-pack" "--with-pdo-oci=c:¥php-snap-build¥deps_aux¥oracle¥x64¥instantclient_12_1¥sdk,shared" "--with-oci8-12c=c:¥php-snap-build¥deps_aux¥oracle¥x64¥instantclient_12_1¥sdk,shared" "--enable-object-out-dir=../obj/" "--enable-com-dotnet=shared" "--without-analyzer" "--with-pgo"
Server API	Apache 2.0 Handler
Virtual Directory Support	enabled
Configuration File (php.ini) Path	no value
Loaded Configuration File	C:¥php¥php.ini
Scan this dir for additional .ini files	(none)
Additional .ini files parsed	(none)
PHP API	20190902
PHP Extension	20190902
Zend Extension	320190902
Zend Extension Build	API320190902,TS,VC15
PHP Extension Build	API20190902,TS,VC15
Debug Build	no
Thread Safety	enabled
Thread API	Windows Threads
Zend Signal Handling	disabled
Zend Memory Manager	enabled

図12.1●phpinfo()の出力例

Webサーバーの場合、このようなシステムの詳細情報が攻撃者に知れてしまうと、攻撃されやすくなります。そこで、サーバーを提供している組織の多くは、安全上の理由からphpinfo()を実行できないようにしています。

PHPの特定の関数を実行できないように設定することは、php.iniの設定で容易に実現できます。php.iniのdisable_functionsディレクティブに呼び出せないようにする関数の名前を指定します。複数の関数を指定する場合は、カンマでつなげます。

次の例は、さまざまな情報を出力する関数phpinfo()とPHPバージョンを取得するphpversion()、シェル（OS）でコマンドを実行する関数shell_exec()を無効にする例です。

```
disable_functions = phpinfo, phpversion, shell_exec
```

ただし、このディレクティブで無効にできるのは内部の関数だけで、プログラマが独自に定義した関数は無効になりません。また、print や echo は関数ではないので、影響を受けません。

◆ 暗号化

本書は入門書なのでデータベースのユーザー名やパスワードを文字列リテラル（プログラムに埋め込んだ文字列値）で PHP スクリプトに書き込んでいます。

```
$dsn = 'mysql:host=localhost;dbname=shopdb;';
$user = 'root';
$passwd = 'password';
// データベースに接続する
$dbh = new PDO($dsn, $user, $passwd);
```

しかし、実際に運用するシステムでは、データベースのユーザー名やパスワードのような機密を要する情報をリテラルで PHP スクリプトに埋め込んではなりません。PHP スクリプトはサイトから比較的容易に取得できるので、ユーザー名とパスワードが漏洩してデータベースからデータを盗まれたりデータベースを不正操作されてしまう危険性があります。ユーザー名やパスワードは暗号化して別のファイルに保存するようにしなければなりません。

データベースに保存するデータそのものも、安全確保のために重要な情報は暗号化して保存するようにします。

PHP では、暗号化の必要なさまざまなものが用意されています。

https://www.php.net/manual/ja/refs.crypto.php

もちろん、PHP スクリプトを改ざんされて、暗号を復号した情報が echo などで出力されないように Web サーバーの内容を第三者が変更できないようにする必要もあります。

Note

セキュリティの問題はそれだけで 1 冊の書籍になる複雑なものなので、詳しくは他のリソースを参照してください。

12.3 応用プログラミング

PHP で作成するプログラムは、Web サーバーで実行される場合が多いとはいえ、他の用途に PHP を活用することもできます。

◆対話シェルの活用

ちょっとした計算や繰り返し処理などは、必要なときに必要に応じて対話シェルで実行することができます。第 3 章で説明したように実行演算子でシェル（OS）で実行するコマンドを実行することもできるので、たとえば特定のディレクトリにある複数のファイルにまとめて同じ操作を行うなどのことも容易にできます。

◆コマンドラインツール

標準入力から読み込んで標準出力に出力するコマンドラインツールを容易に作ることができます。単純な例として、例えば、テキストファイルの特定の文字列を置き換えたり、単語をカウントするなどのスクリプトを作っておけばいつでも何度でも活用することができます。

◆GUI アプリ

PHP で GUI アプリを作成することもできます。GUI 用の拡張モジュールについては、次のドキュメントが用意されています。

https://www.php.net/manual/ja/refs.ui.php

ただし、現在のところ、この拡張は PHP にバンドルされていないので、別途インストールして設定する必要があります。

12.4 パフォーマンス

ここでは、PHP のスクリプトの実行時の速さについて取り上げます。

◆ PHP のパフォーマンス ◆

PHP はコードを読み込みながら実行できる形式に変換して実行するインタープリタなので、パフォーマンスの限界は比較的低いといえます。そのため、短時間に膨大なアクセスがあるような Web サイトには適していません。そうでないサイトであっても、あまりにも長いスクリプトを実行するような場合は、Web クライアントへのレスポンスが遅くなる可能性があります。

◆ パフォーマンスの改善 ◆

PHP のスクリプトの実行速度はコンパイラ言語に比べると速いとは言えませんが、いくつかの工夫によって問題を解決できる場合があります。

速さに関して問題が起きそうな場所は、簡潔に記述するように心がけるとよいでしょう。例えば、次のようにたびたび変数に代入するのは、プログラムの読みやすさを助ける効果がありますが、速度の点で不利になります。

```
$a = exp1;     // xp1、xp2は式
$b = exp2;
$c = func($a, $b);
```

このような場合には、次のように代入を省略すると実行時の速度で有利になる可能性があります。

```
$c = func(exp1, exp2);
```

深いインデントも実行時の速度を遅くする可能性があります。特にループで繰り返すときに深いインデントが多いと、実行時の速度に影響が出る可能性があります。

関数の呼び出しにも時間がかかる傾向があります。速度を重視したいときには関数を呼び出すより、関数の中のコードを関数を呼び出すところに直接記述するほうが速くなる可能性があります。

特に処理速度の速さが要求される部分は、実行時の速度が速い Go 言語のようなコンパイラ言語に書き換えるのも良い選択でしょう。

12.5 今後の進み方

ここでは、本書で PHP のプログラミングの基礎を学んだあとの進み方の例を示します。

◆ PHP のさまざまな要素

本書で使った PHP の機能や関数は、PHP で提供されているもののうちのごく一部だけです。PHP のドキュメントを見て、PHP でできることやそのやり方を知れば知るほど PHP を効率よく効果的に扱えるようになるでしょう。また、PHP にはさまざまな拡張モジュールが用意されているので、それらについても知識を得ることが PHP を使いこなすうえで重要です。

◆ HTMLとCSS

より表現力豊かなWebサイトを作るためには、HTMLとCSSを習得する必要があります。HTMLには本書で紹介した以外にも有用なタグが多数あります。また、デザインを重視するWebサイトを構築するためには、主にスタイルを記述するために使われるCSSについても詳しく学ぶ必要があります。

◆ データベース

本書で説明したMySQLをはじめ、多くのDBMSはSQLを使って操作します。データベースを使いこなしたいならSQLについて学習する必要があります。

付 録

インストールと設定のヒント

ここではPHPのインストールや、PHPのプログラムを作成して実行するときに必要なプログラムやパッケージのインストールについていくつかの重要なことを説明します。

A.1 インストール

本書のコードを実行するためには、PHP、Webサーバー（例えばApacheなど)、データベース（MySQLなど）を必要に応じてダウンロードしてインストールします。

インストールの戦略

プラットフォーム（OS）ごとに、PHP、異なるWebサーバー、異なるデータベースの組み合わせがあり、さらにそれぞれに異なるバージョンがあるので、その組み合わせは無数にあるといえます。それらすべてについて本書で具体的に説明することは現実的ではありません。幸い、インターネット上には、特定の組み合わせに対するPHPおよびそれに関連するプログラムのインストールと設定の方法が多数公開されています。使用したい環境にあわせて適切なサイトを参照してください。

ここでは概要といくつかのヒントを示すにとどめます。

なお、システムによっては、あらかじめPHPやWebサーバー（Apacheなど)、データベース（MySQLなど）がインストールされている場合があります。その場合は、インストールされているバージョンを調べて、バージョンが古すぎるなどの問題がなければそれをそのまま使っても構いません。

また、あとで紹介する XAMPP をインストールできる環境には XAMPP をインストールすると、比較的容易に環境を構築できます。

PHP のインストール

PHP の公式ページから環境に応じて適切なファイルをダウンロードします。

https://www.php.net/downloads

執筆時の最新の安定板は PHP 8.0.2 です。

Windows の場合、Apache で PHP を使う場合は「Thread Safe」の Zip 版をクリックして、ダウンロードします。Microsoft が開発した Web サーバー IIS（Internet Information Services）で PHP を利用する場合には「Non Thread Safe」をダウンロードします。

Linux の場合、パッケージマネージャーを利用できる場合はそれを利用して、例えば、次のようにインストールすることができます。

```
$ sudo apt install php
```

次の例は、Apache をサポートするモジュールもインストールします。

```
$ sudo apt install php libapache2-mod-php
```

下の例は Apache と MySQL をサポートする PHP をインストールする 1 つの例です。

```
$ sudo apt install php libapache2-mod-php php-mysql
```

PHP が正しくインストールされて機能しているかどうかは、コマンドラインから「php -v」と入力してバージョン情報が表示されるかどうかでわかります。

Web サーバーのインストール

Apache は、世界で最も人気のある Web サーバーの 1 つで、多くのプラットフォームで第 1 の選択として適切です。以下のサイトから環境に応じて適切なファイルをダウンロードすることができます。

https://httpd.apache.org/

また、下記のサイトからもダウンロードできます。

https://www.apachelounge.com/download/

Linux の場合、パッケージマネージャーを利用できる場合はそれを利用して、例えば、次のようにインストールすることができます。

```
$ sudo apt install apache2
```

Web サーバーが正しくインストールされて機能しているかどうかは、Web ブラウザを起動してアドレスバーに「http://localhost」と入力してみるとわかります（index.html か index.php または他のデフォルトに設定されているページが表示されるはずです）。

データベースのインストール

サイトのデータをデータベースシステムで扱う場合はデータベースシステムをインストールする必要があります。

Linux で MySQL をインストールするには、例えば次のコマンドを実行します。

```
$ sudo apt install mysql-server
```

本書で説明する方法でデータベースにアクセスするには、データベース固有の PDO ドライバーを使う必要があります。

XAMPPのインストール

PHPに加えてWebサーバーのApacheやデータベースなども一括してインストールできるXAMPPなどのパッケージを利用すると容易にインストールできます。

XAMPPは以下のサイトから環境に応じて適切なファイルをダウンロードすることができます。

```
https://www.apachefriends.org/jp/index.html
```

A.2 環境設定

ここでは環境設定についていくつかのヒントを紹介します。特定の環境（OS、PHPのバージョン、Webサーバーなどの組み合わせ）についてはその組み合わせの情報をWebで検索してください。

共通する環境設定

環境設定を自分で行う場合に必要な設定は、環境変数PATHにPHPの実行ファイルを追加することです。PHPの実行可能ファイルに関して環境設定が行われているかどうかは、コマンドプロンプト（システムによって、端末、ターミナル、Windows PowerShellなど）で例えば「php -v」を入力してみてPHPのバージョンを表示してみるとわかります。

また、必要に応じてPHPのプログラムファイル（.php）やHTMLファイル（.html）を保存するための作業ディレクトリを作成してください。

なお、プログラミングではファイルの拡張子（ファイル名の最後の . より後ろの文字列）が重要な意味を持つので、Windowsのようなデフォルトではファイル拡張子が表示されないシステムの場合、ファイルの拡張子が表示されるようにシステムを設定してください。

PHPの環境設定

PHPの設定ファイルはphp.iniです。必要に応じてこのphp.iniの必要な項目を設定します。

php.iniのextensionで必要な拡張をロードできるようにするには例えば次のようにします。

マルチバイト関数を有効にするには例えば次のようにします。

```
extension=c:¥php¥ext¥php_mbstring.dll        // WindowsでPHP単独インストールの場合
extension=c:¥xampp¥php¥ext¥php_mbstring.dll // XAMPPの例
extension=mbstring.so                        // UNIX系OSの典型的な設定
```

MySQLを有効にするには例えば次のようにします。

```
extension=c:¥php¥ext¥php_mysqli.dll
extension=c:¥php¥ext¥php_pdo_mysql.dll
```

マルチバイト文字の取り扱いを有効にする（日本語の設定にする）には例えば次のようにします（実際の設定値は環境によって異なります）。

```
[mbstring]
mbstring.language = Japanese
mbstring.internal_encoding = UTF-8
mbstring.http_input = auto
mbstring.http_output = UTF-8
mbstring.encoding_translation = On
mbstring.detect_order = auto
```

システムでmbstringが有効かどうかは、phpinfo()が出力する情報のmbstringセクションを見るとわかります。

mbstring

Multibyte Support	enabled
Multibyte string engine	libmbfl
HTTP input encoding translation	enabled
libmbfl version	1.3.2

図12.2●phpinfo()のmbstringセクション

Apache の環境設定

Web サーバーを使って PHP のプログラムファイル（.php）や HTML ファイル（.html）を表示したい場合は、その Web サーバー固有のディレクトリ（例えば Apache または XAMPP などの htdocs 以下、あるいは IIS の場合は C:¥inetpub¥wwwroot 以下など）にファイルを保存するか、特定のディレクトリに Web サーバーがアクセスできるように設定する必要があります。

Linux では、インストールが完了したら、必要に応じてファイアウォール設定を変更して HTTP トラフィックを許可します。

XAMPP の環境設定

XAMPP でインストールした PHP が起動しない場合は環境変数 PATH に PHP の実行ファイルがあるパス（Windows の場合はデフォルトで C:¥xampp¥php）を追加してください。

MySQL の設定

MySQL のアカウントの設定は、Windows では MySQL のインストールの際にルート（root）アカウントと、必要に応じてユーザーアカウントを設定しておきます。

Linux ではインストール中またはインストールが終了したときにユーザー root のパスワードが設定されます（ディストリビューションなどによって異なります）。

例えば、インストール中に /var/log/mysqld.log にログが出力される場合には、ユーザー root の初期パスワードがインストールが終了する際に /var/log/mysqld.log の次の行に出力されます。

```
A temporary password is generated for root@localhost:xxxxxx
```

なお、この場合、ユーザーのパスワードの有効期限はデフォルトで360日です。これを無期限にしたいときには/etc/my.cnfの[mysqld]に「default_password_lifetime = 0」を追加します。

付録B トラブル対策

ここでは、よくあるトラブルとその対策を概説します。

B.1 PHP や Web サーバーの起動

必要なシステムを起動するために発生することがあるトラブルとその対策は次の通りです。

PHP が起動しない

- 必要に応じてパスを設定してください。パスを設定するとは、環境変数 PATH に PHP の実行可能ファイルが存在するパスを追加することです。

PHP を対話モードで起動するとウィンドウが小さくなる

- コマンドプロンプトウィンドウ（コンソールウィンドウ）が小さく表示されてしまう場合は、ウィンドウのタイトルバーを右クリックして表示されるコンテキストメニューで「プロパティ」を選択して設定を変更してください。

Apache が起動しない

- Apache をインストールして必要に応じて設定してください。
- Windows の場合、デフォルトで IIS が起動している可能性があります。以下の手順で IIS を停止します。

1. タスクバーを右クリックし、タスクマネージャーを起動してサービスタブの「サービス管理ツールを開く」で「サービス」を起動します。
2. 「World Wide Web 発行サービス」（サービス名は W3SVC）を右クリックしてプロパティウィンドウを表示し、停止します。
2'. スタートアップの種類を「自動」から「無効」に変更して適用すると、次回から起動時に IIS がスタートしなくなります。

B.2 実行時のトラブル

ここでは、プログラム実行時の問題とその対処について説明します。

出力されない

- コード末尾の ;（セミコロン）を忘れていないか確認してください。
- データベースでデータを検索して出力するプログラムを作成している場合、条件に一致するレコードが 1 つもないと print などで出力するようにコードを書いても何も出力されません。また、SQL 文が間違っていてレコードを検索できない場合なども出力できません。

文字化けする

- ソースコードの文字コードに対してターミナル（コマンドプロンプト）の文字コードが適切でないと文字化けすることがあります。また、特に Windows の対話シェルやコンソールからの文字列入力では日本語文字列が意図通りに入力できない場合があります。

  Windows でコマンドプロンプトウィンドウのコードページ（文字コード）を UTF-8 にするときにはコマンド「chcp 65001」を、シフト JIS に戻すときには「chcp

932」を実行します。

- PHP の関数の中には日本語を含む UTF-8 に完全に対応していないものがあります。特に、コンソール入力を伴うプログラムなどで、ベースがシフト JIS である Windows 環境では意図通りに動作しないことがあります。
- PHP プログラムを HTML に記述する場合は、ヘッダーに次の情報を含めて UTF-8 で保存してください。

```
<head>
    <meta lang="ja" />
    <meta http-equiv="Content-Type" content="text/html; charset=utf-8" />
</head>
```

Web ブラウザに表示されない

- ローカルサーバーを使う場合は、Web ブラウザを起動してアドレスバーに「http://localhost」と入力することで Web サーバーが起動して機能しているかどうか確認します。ネットワーク上の Web サーバーを使う場合は、Web ブラウザを起動してアドレスバーにアドレスを入力することで Web サーバーが起動して機能しているかどうか確認します。
- PHP や HTML のファイルは Web サーバーの既定のディレクトリに保存するか、あるいは、Web サーバーの設定を変更して表示したいファイルがあるディレクトリのファイルを表示できるようにします。

日付や時刻が違う

- php.ini の [Date] でタイムゾーンを適切に設定してください。日本の場合は次のようにします。

```
 [Date]
date.timezone = Asia/Tokyo
```

HTMLやPHPのページが表示されない

- Webサーバーが起動していないと表示できません。ApacheまたはIIS（Internet Information Services）のようなWebサーバーをインストールして適切に設定してから起動してください。
- HTMLやPHPのページのソースファイルを、Webサーバーのドキュメントを配置するルートディレクトリのサブディレクトリ（例えばApacheまたはXAMPPなどのhtdocs以下、あるいはIISの場合はC:¥inetpub¥wwwroot以下など）に配置します。

ファイルに書き込めない

- ディレクトリ（フォルダ）または既存のファイルの属性が書き込み禁止になっていないか調べてください。
- 必要なサブフォルダが存在しているかどうか調べてください。
- 特にサーバーでは安全上の観点からファイルへのアクセスが制限されているか、ファイルにアクセスする関数をphp.iniなどで無効に設定している場合があります。

ファイルを読み込めない

- 読み込むファイルが適切な場所に存在しているかどうか調べてください。
- ファイルの属性を調べて読み込みが可能かどうか確認してください。
- 特にサーバーでは安全上の観点からファイルへのアクセスが制限されているか、ファイルにアクセスする関数をphp.iniなどで無効に設定している場合があります。

他の環境で正しく実行できない

- 環境によってはPHPの特定の関数を実行できないように設定してある場合があります。例えば、関数phpinfo()は、公開されているレンタルサーバーなどでは安全上の理由から実行できないように設定されている場合があります。

Web ページの表示が変わらない

- HTML や PHP ファイルを変更したのに変更が反映されない（表示が前と変わらない）場合は、Web ブラウザのキャッシュが有効になっているためである可能性が高いです。キャッシュを無効にするか、ページを読み込みなおしてください。

メールが送れない

- php.ini のメール関連の項目を設定してください（環境により異なります）。

```
[mail function]
SMTP = localhost
smtp_port = 25
sendmail_path = dummy@mail.com  // 自分のメールを設定する
```

B.3 エラーメッセージとその対処方法

PHP のプログラム実行時または対話シェルでプログラムを実行するために入力した際によくあるメッセージと対処方法を説明します。

Warning: fopen(xxx): failed to open stream

- ファイル xxx を開けません。ファイル xxx がないか、あるいは存在していてもアクセスが禁止されている場合はこの警告が報告されます。

Warning: mail(): Failed to connect to mailserver

- メールサーバーに接続できません。メールサーバーをインストールして PHP プログラムから利用できるように php.ini の SMTP と smtp_port を適切に設定してください

（具体的方法は環境に依存します）。

Parse error: syntax error, unexpected 'xxx'

- 文法的な間違いがあります。さまざまな可能性がありますが、タイプミス、括弧のつりあいが取れていないなどの単純な間違いが多いでしょう。対話シェルでは、(や { の前で改行するとこのエラーになってしまうことがあります。

Fatal error: Cannot redeclare Xxx()

- 一度定義した関数は再定義できません。対話シェルで関数定義を間違えて入力したあとで修正した関数を入力したときにもこのメッセージが報告されます。

Fatal error: Cannot declare class Xxx, because the name is already in use

- 一度定義したクラスは再定義できません。対話シェルでクラス定義を入力したあとで修正したクラスを入力したときにもこのメッセージが報告されます。

Fatal error: Uncaught Error: Call to undefined function xxx()

- 関数 xxx() を呼び出せませんでした。必要に応じて拡張機能を追加してください。例えば mb_xxx() を呼び出せない場合は、mbstring をロードできるように php.ini を設定します。
- タイプミスの可能性があります。

could not find driver

- MySQL に接続しようとしてこのエラーが報告された場合は、PDO で接続するためのドライバーがインストールされていないか、設定が適正でない可能性があります。

付録 C 練習問題解答例

ここでは課題の解答例を示します。プログラムを作る課題では、要求されたことを実現するための方法が 1 つではなく、異なる書き方であっても要求されたことが実現されていれば正解です。

第 2 章練習問題

2.1　PHP をシステムにインストールしてください。

付録 A の記述を参照してください。

2.2　PHP のプログラムを対話モードで実行して、実行中の PHP のバージョンを調べてください。

```
>php -a
Interactive shell

php > print( phpversion() );
7.4.15
php >
```

2.3　自分の名前を出力する PHP スクリプトファイルを作成してください。

```
<?php
print ("椀子犬太¥n");
```

第 3 章練習問題

3.1 変数 2 個にそれぞれ文字列を保存して、それらを結合した結果を出力するプログラムを作ってください。

```
<?php
$a = "Hello¥t";
$b = "Boys";
print $a .= $b;
```

3.2 整数の割り算を行ってその商と余りを求めるプログラムを作ってください。

```
<?php
$a = 64;
$b = 5;
print "商=";
print (int)($a / $b);
print "¥n余り=";
print $a % $b;
```

3.3 2 つの実数の変数を作って値を代入し、それらを比較した結果を出力するプログラムを作ってください。

```
<?php
$a = 12.3;
$b = 23.4;
print "$a == $b =>";
print ($a == $b);
print "¥n$a < $b =>";
print ($a < $b);
print "¥n$a > $b =>";
print ($a > $b);
```

第4章練習問題

4.1　名前と年齢を入力すると、「"名前"(年齢)」という形式で出力するプログラムを作成してください。

```
<?php
printf ("Name=");
$name = trim(fgets(STDIN));
printf ("Age=");
$age = (int)trim(fgets(STDIN));
printf ("%s(%d)¥n", $name, $age);
?>
```

4.2　2つの整数を入力すると加算した結果を出力するプログラムを作ってください。

```
<?php
printf ("Value 1=");
$v1 = (float)trim(fgets(STDIN));
printf ("Value 2=");
$v2 = (float)trim(fgets(STDIN));

printf ("%f + %f = %f¥n", $v1, $v2, $v1+$v2);
?>
```

4.3　コマンドライン引数に2個の実数を指定するとその和を計算して出力するプログラムを作ってください。

```
<?php
$v1 = (float)$argv[1];
$v2 = (float)$argv[2];
printf ("%f + %f = %f¥n", $v1, $v2, $v1+$v2);
?>
```

第 5 章練習問題

5.1 キーボードから入力された整数が、奇数であるか偶数であるか調べるプログラムを作成してください。

```
<?php
printf("整数=");
$v = (int)trim(fgets(STDIN));
if (($v % 2) == 0)
    printf("%dは偶数¥n", $v);
else
    printf("%dは奇数¥n", $v);
```

5.2 入力された整数が、ゼロか、負の数か、10 未満の正の数か、10 以上の正の数かを調べて結果を表示するプログラムを作ってください。

```
<?php
printf("整数=");
$v = (int)trim(fgets(STDIN));
if ($v == 0)
    printf("%dはゼロ¥n", $v);
elseif ($v <0)
    printf("%dは負の数¥n", $v);
elseif ($v < 10)
    printf("%dは10未満の正の数¥n", $v);
else
    printf("%dは10以上の正の数¥n", $v);
```

5.3 入力された整数の階乗を計算するプログラムを乗算の演算だけで作ってください。

```
<?php
printf("整数=");
$n = (int)trim(fgets(STDIN));
```

```
if ($n < 0) {
    printf("%dは負の数¥n", $n);
    return;
}

if ($n == 0) {
    printf("%dの階乗は%d¥n", $n, 0);
    return;
}

$v = 1;
for ($i = 1; $i <= $n; $i++)
    $v *= $i;
printf("%dの階乗は%d¥n", $n, $v);
```

第6章練習問題

6.1　入力された英数文字列を3回繰り返した結果を出力するプログラムを文字列処理関数を使って作成してください。

例えば、「Hello!」と入力したら「Hello! Hello! Hello!」と出力します。

```
<?php
printf("英数文字列を入力してください：");
$s = trim(fgets(STDIN));

// 文字列を繰り返す。
printf("%s ¥n", str_repeat($s, 3));
```

6.2　入力された3つの数の実数の、最大値と最小値を表示するプログラムを作成してください。

```
<?php
$vals = array();
```

```
for ($i=0; $i<3; $i++) {
    printf("実数：");
    $v = (float)trim(fgets(STDIN));
    array_push($vals, $v);
}

printf("最大値=%g¥n", max($vals));
printf("最小値=%g¥n", min($vals));
```

6.3 2個の整数の和と差を返す関数を作ってください。

```
<?php
function sumdif($x1, $x2) {
    $sum = abs($x1 + $x2);
    $dif = abs($x1 - $x2);
    return array($sum, $dif);
}

printf("整数1：");
$v1 = (int)trim(fgets(STDIN));
printf("整数2：");
$v2 = (int)trim(fgets(STDIN));

$x = sumdif($v1, $v2);

printf("和=%d¥n", $x[0]);
printf("差=%d¥n", $x[1]);
```

第7章練習問題

7.1 幅と高さで形を表現するRect（四角形）クラスを定義してください。

```
<?php
class Rect{
```

```
    public function __construct(float $width, float $height)
    {
        $this->width = $width;
        $this->height = $height;
    }
}

// テストコード
$a = new Rect(20.0, 30.0);
print_r ($a);
```

7.2　幅と高さで形を表現するRect（四角形）クラスに、そのオブジェクトの形状を出力する関数print()を追加してください。

```
<?php
class Rect{
    public function __construct(float $width, float $height)
    {
        $this->width = $width;
        $this->height = $height;
    }
    function print()
    {
        printf("幅=%g 高さ=%g¥n", $this->width, $this->height);
    }
}

// テストコード
$a = new Rect(20.0, 30.0);
$a->print();
```

7.3 幅と高さで形を表現するRect（四角形）クラスから派生した、Square（正方形）クラスを定義してください。

```
<?php
class Rect{
    public function __construct(float $width, float $height)
    {
        $this->width = $width;
        $this->height = $height;
    }
    function print()
    {
        printf("幅=%g 高さ=%g¥n", $this->width, $this->height);
    }
}

class Square extends Rect
{
    public function __construct(float $width)
    {
        $this->width = $width;
        $this->height = $width;
    }
    // function print()は継承する
}

// テストコード
$a = new Square(20.0);
$a->print();
```

1
2
3
4
5
6
7
8
9
10
11
12
付録

第8章練習問題

8.1　Webサーバーをインストールしてこの章のhello.htmlをWebサーバー経由で表示してください。

解答省略

8.2　5人分の名前とEメールアドレスを表示するHTMLを作成してください。

```
<!DOCTYPE html>
<html xmlns="http://www.w3.org/1999/xhtml" xml:lang="ja" lang="ja">
<!-- a8_2.html -->

<head>
    <meta http-equiv="Content-Type" content="text/html; charset=UTF-8" />
    <meta http-equiv="cache-control" content="no-cache">
    <title>ぼくらの情報</title>
</head>

<body>
    <div>
        <h1>花岡　実太</h1>
        <p>Eメール：aryamakoryama@dummymail.cam </p>
        <br />
        <h1>腹賀　減太</h1>
        <p>Eメール：hara.pekoda@dummymail.cam </p>
        <br />
        <h1>山田　太郎左衛門</h1>
        <p>Eメール：yamayyamapon@dummymail.cam </p>
        <br />
        <h1>Luckey Mouse</h1>
        <p>Eメール：Lucky@dummymail.cam </p>
        <br />
        <h1>名無　権兵衛</h1>
        <p>Eメール：easy.php.study@dummymail.cam </p>
        <br />
    </div>
```

```
</body>

</html>
```

8.3 問題 8.2 のファイルを Web サーバー経由で表示してください。

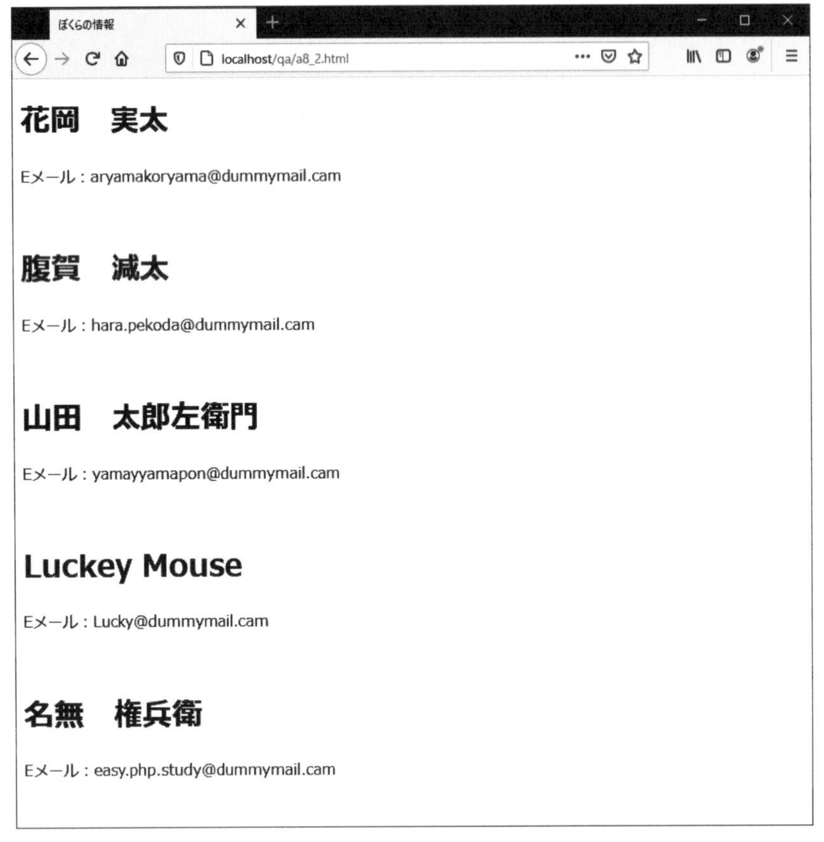

図C.1●表示例

第 9 章練習問題

9.1 Web サーバーで 1 ～ 100 までの範囲の 2 つのランダムな数を生成して、それらの数と、それらの数を加算した結果を Web ブラウザに返す PHP ファイルを作成してください。

```
<!DOCTYPE html>
<html xmlns="http://www.w3.org/1999/xhtml" xml:lang="ja" lang="ja">

<head>
    <meta http-equiv="Content-Type" content="text/html; charset=UTF-8" />
    <meta http-equiv="cache-control" content="no-cache">
    <title>やさしいPHP入門　第9章</title>
</head>

<body>
    <?php
    $v1 = rand(1,100);
    $v2 = rand(1,100);
    printf ("<p>%d + %d = %d</p>", $v1, $v2, $v1+$v2);
    ?>
</body>

</html>
```

9.2 ドキュメントが Web サーバーから送られた時刻と、その 15 分後の時間を表示する PHP ファイルを作成してください。

```
<!DOCTYPE html>
<html xmlns="http://www.w3.org/1999/xhtml" xml:lang="ja" lang="ja">

<head>
    <meta http-equiv="Content-Type" content="text/html; charset=UTF-8" />
    <meta http-equiv="cache-control" content="no-cache">
    <title>やさしいPHP入門　第9章</title>
```

```
</head>

<body>
    <?php
    $now = date("H:i");
    printf("<p>ただいま %s</p>¥n", $now);
    $interval = date_interval_create_from_date_string('15 minutes');
    $t15 = date_add(new DateTime('now'), $interval);
    printf("<p>15分後は %s</p>¥n", $t15->format('H:i'));
    ?>
</body>

</html>
```

9.3 3名分の名前とEメールアドレスを表示するPHPスクリプトファイルを作成してください。

```
<?php
echo '<html><body>';
echo '<h1>花岡　実太</h1>';
echo '<p>Eメール：aryamakoryama@dummymail.cam </p><br />';
echo '<h1>腹賀　減太</h1>';
echo '<p>Eメール：hara.pekoda@dummymail.cam </p><br />';
echo '<h1>山田　太郎左衛門</h1>';
echo '<p>Eメール：yamayyamapon@dummymail.cam </p>';
echo '</body></html>';
?>
```

第10章練習問題

10.1　商品名、個数、単価、住所、氏名、メールアドレス、電話番号を入力する次のような注文フォームを作成してください。

```
<!DOCTYPE html>
<html xmlns="http://www.w3.org/1999/xhtml" xml:lang="ja" lang="ja">

<head>
    <meta http-equiv="Content-Type" content="text/html; charset=UTF-8" />
    <meta http-equiv="cache-control" content="no-cache">
    <title>やさしいPHP入門　練習問題</title>
</head>

<body>
    <form action="a10_2.php" method="post">
        <h3>ご注文</h3>
        <p>
        <input type="text" name="article" value="ハワイアンウクレレレ" readonly>
        </P>
        <p>
            <label for="name">単価</label><br />
                <input type="text" name="price" value="13000" readonly>
            </p>
        <p>
            <label for="number">個数</label><br />
            <input type="number" name="number" value="1" min="1" max="5">
        </p>
        <h3>お届け先</h3>
        <p>
            <label for="name">氏名</label><br />
            <input type="text" name="name" value="">
        </p>
        <p>
            <label for="address">住所</label><br />
            <input type="text" name="address" value="" size="50">
        </p>
        <p>
```

```
            <label for="tel">電話番号</label><br />
            <input type="text" name="tel" value="">
        </p>
        <p>
            <label for="email">メールアドレス</label><br />
            <input type="text" name="email" value="">
        </p>
        <p>
            <input type="submit" value="送信">
        </p>
    </form>
</body>

</html>
```

10.2 問題 10.1 で作成したフォームから送られた情報から注文確認ページを作成して返す PHP ファイルを作成してください。

```
<!DOCTYPE html>
<html xmlns="http://www.w3.org/1999/xhtml" xml:lang="ja" lang="ja">

<head>
    <meta http-equiv="Content-Type" content="text/html; charset=UTF-8" />
    <meta http-equiv="cache-control" content="no-cache">
    <title>やさしいPHP入門　練習問題</title>
</head>

<body>
    <div style="text-align:center">
    <h1>注文確認</h1>
    <p>注文を受け付けました。</p>
    <?php
    // フォームの処理
    printf("<p>%s</p>", $_POST["address"]);
    printf("<p>%s様</p>", $_POST["name"]);
    printf("<p>TEL:%s</p>", $_POST["tel"]);
```

```
    printf("<p>E-Mail：%s</p><hr>", $_POST["email"]);
    printf("<p>商品：%s</p>", $_POST["article"]);
    printf("<p>単価：%s</p>", $_POST["price"]);
    printf("<p>個数：%s</p>", $_POST["number"]);
    $total = (int)$_POST["price"] * (int)$_POST["number"];
    printf("<p>合計：%d円</p>", $total);
    ?>
    </div>
</body>

</html>
```

10.3　GET メソッドを使って２つの整数を送る HTML ファイルと、それらの整数を加算した結果を表示する PHP ファイルを作成してください。

HTMLファイル

```
<!DOCTYPE html>
<html xmlns="http://www.w3.org/1999/xhtml" xml:lang="ja" lang="ja">

<head>
    <meta http-equiv="Content-Type" content="text/html; charset=UTF-8" />
    <meta http-equiv="cache-control" content="no-cache">
    <title>やさしいPHP入門　第10章—練習問題10.3</title>
</head>

<body>
    <form method="get" action="a10_3.php">
        <p>
            <input type="number" name="num1" value="" min="1" max="100">
            +
            <input type="number" name="num2" value="" min="1" max="100">
            の計算
        </p>
        <input type="submit" value="送信" />
    </form>
</body>
```

```
</html>
```

PHP ファイル

```
<!DOCTYPE html>
<html xmlns="http://www.w3.org/1999/xhtml" xml:lang="ja" lang="ja">

<head>
    <meta http-equiv="Content-Type" content="text/html; charset=UTF-8" />
    <meta http-equiv="cache-control" content="no-cache">
    <title>やさしいPHP入門　第10章</title>
</head>
<html>

<body>
    <h1>整数の和の計算</h1>
    <?php
    $v1 = (int)$_GET["num1"];
    $v2 = (int)$_GET["num2"];
    printf("<p>%d + %d = %d</p>", $v1, $v2, $v1 + $v2);
    ?>
    </form>
</body>

</html>
```

第 11 章練習問題

11.1　データベース shopdb に名前と電話番号からなる顧客テーブル Cunstomer を作成してください。

```
$dsn = 'mysql:host=localhost;dbname=shopdb;';
$user = 'root';
```

```
$passwd = 'password';

// データベースに接続する
$dbh = new PDO($dsn, $user, $passwd);

$sql="CREATE TABLE Cunstomer (name VARCHAR(20),tel VARCHAR(14));";
$pdo = $dbh->prepare($sql);
$pdo->execute();
$pdo = null;
```

11.2 Fruitテーブルのデータ登録／更新のためのHTMLとPHPを作成してください。

HTMLファイル

```
<!DOCTYPE html>
<html xmlns="http://www.w3.org/1999/xhtml" xml:lang="ja" lang="ja">

<head>
    <meta http-equiv="Content-Type" content="text/html; charset=UTF-8" />
    <meta http-equiv="cache-control" content="no-cache">
    <title>やさしいPHP入門　第11章</title>
</head>

<body>
    <h1>果物の登録・更新</h1>
    <form action="a11_2.php" method="post">
        <p>
            <label for="id">ID（5桁の数字）</label><br />
            <input type="text" name="id" value="">
        </p>
        <p>
            <label for="name">商品名</label><br />
            <input type="text" name="name" value="">
        </p>
        <p>
            <label for="price">価格</label><br />
            <input type="text" name="price" value="">
        </p>
```

```
        <p>
            <input type="submit" value="送信">
        </p>
    </form>
</body>

</html>
```

PHP ファイル

```
<!DOCTYPE html PUBLIC "-//W3C//DTD XHTML 1.0 Strict//EN"
                        └ "http://www.w3.org/TR/xhtml1/DTD/xhtml1-strict.dtd">
<html xmlns="http://www.w3.org/1999/xhtml" xml:lang="ja" lang="ja">

<head>
    <meta http-equiv="Content-Type" content="text/html; charset=UTF-8" />
    <meta http-equiv="cache-control" content="no-cache">
    <title>やさしいPHP入門　第11章</title>
</head>

<body>
    <h1>果物一覧</h1>
    <?php
    $id = $_POST["id"];
    $name = $_POST["name"];
    $price = $_POST["price"];
    $vals = "Values ('" . $id . "','" . $name . "',". $price . ");'";
    $sql = "REPLACE INTO Fruit(id, name, price) " . $vals;
    // printf("<p>SQL=%s</p>", $sql);  // デバッグ用
    $dsn = 'mysql:host=localhost;dbname=shopdb;';
    $user = 'root';
    $passwd = 'password';
    // データベースに接続する
    $dbh = new PDO($dsn, $user, $passwd);
    $pdo = $dbh->prepare($sql);
    $pdo->execute();
    ?>
    <!-- 登録情報を出力する -->
```

```
    <h2>果物のリスト</h2>
    <table>
        <tr>
            <td>ID</td>
            <td>商品名</td>
            <td>価格</td>
        </tr>
        <?php
        $sql = "SELECT * FROM Fruit;";
        $pdo = $dbh->prepare($sql);
        $pdo->execute();
        foreach ($pdo as $row) {
            print("<tr>");
            printf("<td>%s</td><td>%s</td><td>%s</td>", $row[0], $row[1],
                                                            $row[2]);
            print("</tr>¥r¥n");
        }
        //$pdo = null;
        ?>
    </table>
</body>

</html>
```

11.3 Stuff テーブルのデータから、特定の名前のデータを検索して出力できるようにHTML と PHP を作成してください。

HTML ファイル

```
<!DOCTYPE html>
<html xmlns="http://www.w3.org/1999/xhtml" xml:lang="ja" lang="ja">

<head>
    <meta http-equiv="Content-Type" content="text/html; charset=UTF-8" />
    <meta http-equiv="cache-control" content="no-cache">
    <title>やさしいPHP入門　第11章</title>
</head>
```

```
<body>
    <h1>スタッフの検索</h1>
    <form action="a11_3.php" method="post">
        <p>
            <label for="name">名前</label><br />
            <input type="text" name="name" value="">
        </p>
        <p>
            <input type="submit" value="送信">
        </p>
    </form>
</body>

</html>
```

PHP ファイル

```
<!DOCTYPE html PUBLIC "-//W3C//DTD XHTML 1.0 Strict//EN"
                        └ "http://www.w3.org/TR/xhtml1/DTD/xhtml1-strict.dtd">
<html xmlns="http://www.w3.org/1999/xhtml" xml:lang="ja" lang="ja">

<head>
    <meta http-equiv="Content-Type" content="text/html; charset=UTF-8" />
    <meta http-equiv="cache-control" content="no-cache">
    <title>やさしいPHP入門　第11章</title>
</head>

<body>
    <h1>スタッフのデータ</h1>
    <?php
    $name = $_POST["name"];
    $sql = "SELECT * FROM Staff WHERE name='" . $name . "';";
    // printf("<p>SQL=%s</p>", $sql);  // デバッグ用
    $dsn = 'mysql:host=localhost;dbname=shopdb;';
    $user = 'root';
    $passwd = 'password';
    $dbh = new PDO($dsn, $user, $passwd);
```

```
$pdo = $dbh->prepare($sql);
$pdo->execute();
$count = $pdo->rowCount();
if ($count > 0) {
    printf("<p>%sのデータは%d件ありました。</p>¥n", $name, $count);
    foreach ($pdo as $row) {
        printf("<p>名前=%s</p>¥n", $row[0]);
        printf("<p>年齢=%s</p>¥n", $row[1]);
        printf("<p>部門=%s</p>¥n", $row[2]);
    }
} else {
    printf("<p>%sのデータはありません。</p>", $name);
}
$pdo = null;
?>
<!-- 登録情報を出力する -->
<h3>確認用スタッフ情報</h3>
<table>
    <tr>
        <td>名前</td>
        <td>年齢</td>
        <td>部門</td>
    </tr>
    <?php // 確認用スタッフ情報出力
    $dsn = 'mysql:host=localhost;dbname=shopdb;';
    $user = 'root';
    $passwd = 'password';
    $dbh = new PDO($dsn, $user, $passwd);
    $sql = "SELECT * FROM Staff;";
    $pdo = $dbh->prepare($sql);
    $pdo->execute();
    foreach ($pdo as $row) {
        print("<tr>");
        printf("<td>%s</td><td>%s</td><td>%s</td>", $row[0], $row[1],
                                                     $row[2]);
        print("</tr>¥r¥n");
    }
    $pdo = null;
    ?>
```

```
    </table>
</body>

</html>
```

付録D 参考リソース

- PHPのインストール
  https://www.php.net/downloads

- PHPのドキュメント
  https://www.php.net/manual/ja/index.php

記号

A

B

C

D

E

F

G

H

な

は

ま

や

ら

■ 著者プロフィール

日向 俊二（ひゅうが・しゅんじ）

フリーのソフトウェアエンジニア・ライター。

前世紀の中ごろにこの世に出現し、FORTRANやC、BASICでプログラミングを始め、その後、主にプログラミング言語とプログラミング分野での著作、翻訳、監修などを精力的に行う。わかりやすい解説が好評で、現在までに、C#、C/C++、Java、Visual Basic、XML、アセンブラ、コンピュータサイエンス、暗号などに関する著書・訳書多数。

やさしいPHP入門

2021年6月10日　初版第1刷発行

著　者　日向 俊二
発行人　石塚 勝敏
発　行　株式会社 カットシステム
〒169-0073 東京都新宿区百人町4-9-7　新宿ユーエストビル8F
TEL（03）5348-3850　FAX（03）5348-3851
URL　https://www.cutt.co.jp/
振替　00130-6-17174
印　刷　シナノ書籍印刷 株式会社

本書に関するご意見、ご質問は小社出版部宛まで文書か、sales@cutt.co.jp宛にe-mailでお送りください。電話によるお問い合わせはご遠慮ください。また、本書の内容を超えるご質問にはお答えできませんので、あらかじめご了承ください。

Cover design Y.Yamaguchi

Printed in Japan　ISBN978-4-87783-442-5